U0258014

植物大移民

中国历史上的
外来入侵物种

严靖 张文文 著　龚理 绘

机械工业出版社
CHINA MACHINE PRESS

本书以时间为脉络，从远古到大航海时代，再到现代引种浪潮，讲述了中国外来入侵植物的起源、扩散及其与人类的故事。所选取物种或意义重大，或我们耳熟能详，或我们长期存在认知误区，或有着有趣的故事。书中不仅呈现了这些植物的传播发展历程，也讲述了人类对植物认知的不断变化，揭示了"入侵"这一动态变化状态的复杂性。作者通过分享这些植物与人类之间的故事，引导读者保护生态秩序，正确对待入侵植物，维护生物多样性，深入思考人类与自然之间的微妙关系，呼吁人们珍惜并尊重自然，与植物和谐共生。

本书面向对自然科学、生态学以及人与自然关系感兴趣的读者，无论是相关专业的学生、研究者或从业者，还是关注生态环保的普通读者，都能从中得到收获。

图书在版编目（CIP）数据

植物大移民：中国历史上的外来入侵物种 / 严靖，张文文著；龚理绘 . -- 北京：机械工业出版社，2024.7. -- ISBN 978-7-111-76007-8

Ⅰ. S45-49

中国国家版本馆CIP数据核字第2024N3C325号

机械工业出版社（北京市百万庄大街22号　邮政编码100037）
策划编辑：兰　梅　　　　　　　　　责任编辑：兰　梅
责任校对：马荣华　王小童　景　飞　　责任印制：张　博
北京利丰雅高长城印刷有限公司印刷
2024年10月第1版第1次印刷
170mm×240mm · 17.25印张 · 2插页 · 209千字
标准书号：ISBN 978-7-111-76007-8
定价：128.00元

电话服务　　　　　　　　　　网络服务
客服电话：010-88361066　　　机　工　官　网：www.cmpbook.com
　　　　　010-88379833　　　机　工　官　博：weibo.com/cmp1952
　　　　　010-68326294　　　金　书　网：www.golden-book.com
封底无防伪标均为盗版　　机工教育服务网：www.cmpedu.com

物种交换与生物入侵

倘若要追溯"生物入侵"概念的肇始，我们可以去阅读德·堪多（Alphonse Pyramus de Candolle）的《植物地理学》（*Géographie botanique raisonnée*, 1855）以及达尔文（Charles Robert Darwin）的《物种起源》（*On the Origin of Species*, 1859），英国植物学家边沁（George Bentham）和胡克（Joseph Dalton Hooker）的著作《英国植物手册》（*Handbook of the British Flora*, 1858）也对理解生物入侵做出了重要贡献，他们都对这种非本土植物的传播与扩散饶有兴趣。直到查尔斯·艾尔顿（Charles Elton）的经典著作《动植物入侵生态学》（*The Ecology of Invasions by Animals and Plants*, 1958）出版后，入侵生态学才开始作为一门新兴

学科出现，最初的发展是缓慢的，后来则是"爆炸性"的。如今，越来越多的科学家、政府管理部门及公众都在关注生物入侵，因为这关乎我们的粮食安全、生态安全和生物安全，这些都是当下我国国家安全的重要组成部分。

物种的交流在全球化的时代背景下是如此的频繁与不可避免，许多植物在人类有意或无意的帮助下，离开各自的原产地，有的跨过高山，有的穿越荒漠，有的远渡重洋，不远万里到世界各地壮大自己的种群，甚至还给人们制造麻烦，这个群体被称为"外来入侵植物"。在现行的认知当中，这个概念经常与国界联系在一起，因此入侵我国的外来植物就叫作"中国外来入侵植物"，这几乎是所有关心我国国家安全的人都在关注和讨论的话题。

然而，我们须知，跨地区的物种交换是谈论有关"入侵"的种种概念的前提，且物种交换事件自古而今几乎无处不在。1972 年，美国历史学家克罗斯比（A. W. Crosby）提出了在当时颇具争议的"哥伦布大交换"概念，认为在哥伦布（Cristoforo Colombo）"出航蓝海"的 1492 年是划时代的一年："哥伦布航行带来的改变，最重大的一项，乃是属于生物式的改变，这不仅仅是新大陆的发现，还标志着新世界的创造。"另一位历史学家威廉·麦克尼尔（William McNeill）在为克罗斯比的著作《哥伦布大交换》（*The Columbian Exchange: Biologial and Cultural Consequences of 1492*）所做的序言中写道："与哥伦布大交换平行发生的事例，也在陆上出现。约公元前 100 年，商旅车队首度确立中国与地中海世界之间的商业交换。种子、胚芽，搭着颠簸之旅而去。樱桃来到了罗马世界，中国则换得了葡萄、苜蓿、驴子和骆驼。"

本书的故事便是从这个时候开始，大致按照外来植物在中国登场的时间顺序，讲述它们的起源与扩散历史、传播故事以及与每个物种本身有关的鲜为人知的知识，包括复杂的分类学和令人惊奇的生物学知识。要对每个物种溯本求源是非常困难的，植物的历史远比人类的发展史更源远流长，很多真相都遮蔽在时间的迷雾之中，我们只能透过故纸堆和馆藏标本窥豹一斑，但始终无法观其全貌。本书以大麻开篇，除了因为它拥有悠久的历史之外，还缘于它那起源与传播的复杂性，许多植物学家和农学家都曾坚信大麻起源于中亚，这种观点影响十分深远，以至于我们一直将其视为外来入侵植物。这是一个巨大的误会，幸好如今分子生物学技术不断发展，才使得真相逐渐清晰——大麻最早其实是起源于东亚地区的作物。因此尽管它已被证实是国产种，但鉴于人们对其起源地的持久误会，我还是决定将它放入书中加以讨论。

在讲"入侵"故事之前，其实还存在一个"归化"的概念。入侵生态学家佩雪克（Petr Pyšek）为归化植物下了定义：归化植物是指在无人为干扰的情况下可自行繁衍的来自本土之外的异域植物，并且能够长期维持（通常为 10 年以上）种群的自我更替。即当外来植物在自然或半自然的生态系统或生境中建立了属于自己的稳定种群时，它们就成为归化种，目前绝大部分外来植物就处于这个状态。

相比于归化植物，人们更关注入侵植物，这是理所当然的，因为"入侵"这个词看上去跟人们更加息息相关，直接威胁到了我们的利益，大家却往往忽略了植物入侵之前的状态。"归化"的状态是可变而微妙的，它在入侵的过程中具有决定性的作用。有时候我们在将某一种植物认定为入侵时会非常谨慎，但更多的时候并非如此。

因此，我们需要了解入侵植物的一些共性，知道它们从何而来、自何时来、如何而来、往何处去，更要清楚"入侵"是植物中存在的一种可动态变化的状态，而且在这之前通常还存在逸生和归化两种先行的状态。并不是所有外来植物都会对人类生活构成威胁，相反，更多的外来植物实际上都在美化着我们的环境，满足着我们的口腹之欲。在此，我怀着无比激动的心情和读者们一同开启中国外来入侵植物的认知之旅，或许它们有时会带来一些危害，但若对其稍作了解，我们就会发现植物本身是美好的，每一个生命都值得赞赏与回味。

虽然我在书中介绍的大部分物种都属于已然造成危害的入侵植物，它们或在农田肆虐，或在路旁繁盛，有的甚至直接威胁人类健康，但也不乏如紫苜蓿、南苜蓿、紫茉莉等友好的牧草与花卉。物种状态的变化是必然的，同时人类对物种的认识也在不断发生改变。实际上"归化"与"入侵"之间的关系非常模糊，正如"杂草"的定义一样，只能笼统地概括为"出现在错误地点的植物"。很显然，我们讲述的虽然是关于植物的故事，但更多的其实是在回顾人类自己的发展历程。我很中意理查德·梅比（Richard Mabey）《杂草的故事》（*Weeds*）一书中结尾那段话："杂草是我们硬要把自然世界拆成野生与驯化两部分所造成的结果。它们是边界的打破者，无归属的少数派，它们提醒着我们，生活不可能那样整洁光鲜、一尘不染。它们能让我们再次学会如何在自然的边界上生存。"

严　靖　张文文

目录

紫苜蓿

阿梅迪·马斯克莱夫，法国神父和植物学家，代表作为《法国植物图集》，共三卷，包含 450 幅植物精美插画。该著作于 1890 年在巴黎出版，1893 年重新刊行。

Amédée Masclef, Atlas des plantes de France *vol. 2 P. 75* (1890—1893)

第一章

远古的移民者

有些物种是以何种方式传入中国的，已经无法知晓了，从古文献的记载中只能窥见一斑，无法知其全貌。

它们中有的曾有过无上荣耀，其扑朔迷离的起源以及与人类之间所发生过的许多故事，注定将使它们成为传奇植物。

大麻：远古作物的起源之谜

　　小暑过后，几个月前绿油油但稀疏的大麻小苗已经长到了一人多高，它们整整齐齐地排列在农民家的自留地里，犹如列队方阵。那宽大的深绿色叶子在微风中缓缓地摆动着，像一个个巨大的手掌在不停挥舞，只不过这手掌的指头有时是 5 个，有时多达 9 个，更多的时候是 7 个。7 月已经到了大麻开花的末期，有的雄株早已不见了花的踪影，但即使是在盛花期，那黄绿色的花也会淹没在绿色的海洋中，像薄膜一样小小的花被片在看惯了万紫千红的人们眼中实在是毫不起眼。此时，在雌株的顶端常常会出现紧凑的枝叶，像是从上下两侧被压实了一样，这是它们结果的地方，还要再过一个月才能完全成熟，麻雀是最常访问这些果实的食客。不过对于农民们来说，这是最恰当的时刻了。

　　用两根类似于擀面杖的木棍将大麻的茎在齐腰处夹断，稍微一拧它的皮就和茎就分离了，再用这两根木棍夹着分离出来的皮往后拉，一直拉到大麻的顶端，这时外层韧性十足的皮就能和里面白色的枝干彻底分开。将大麻连根拔起，十几株一捆扎好，用板车或自行车拉回家，再徒手把齐腰处以下的那部分大麻皮扒出来，晾干，就可以捆扎起来出售了，剩下那些白色的茎晒干之后，便成为农村生火做饭最受欢迎的引火之物。这就是我对大麻最初的记忆。20世纪90年代，很多农村都种着一片一片的大麻，每年夏天在收获早稻和花生之余，还可以收获数十公斤的麻绳，虽然只能卖出几毛钱一斤的价格，但大麻一直都是农田里一道独特的风景，为农田作物的多样性添砖加瓦。

大麻淡绿色的雄花悬挂在花序轴上

大麻雌株顶端的枝叶通常都更加紧凑，大麻籽就在这里成熟

　　但是没过多久，大麻就逐渐淡出了农田系统，取而代之的是大豆和种植面积不断扩大的水稻，只有那些尚未被彻底清除的幸运儿还能在田埂路旁萌发新芽，幼嫩的手掌仍然舞动着，似乎在宣告它才是这片田地的主人。如今的农田里再也见不到那片高大的绿色波浪了，大麻最终还是卸下了它持续了数千年的身份——作物，成了围绕在其他作物周围的农田杂草。

　　数千年前，大麻还是一株不起眼的小草，是先民们众多采集对象中平平无奇的一员，到了距今 5000 年左右的新石器时代，农业文明不断演进，大麻成为先民栽培的重要农作物之一。郑玄注《周礼》曰："五谷，麻、黍、稷、麦、菽也。"麻即大麻，它曾是五谷之一，可食用、可入药、可织布，在古代人类的某些信仰和宗教活动中，大麻是沟通人和神之间的重要媒介，它的作用已然超越了作物。千百年来，大麻一直伴随着欧亚大陆的人民一同成长，在中国的经史子集、农书药典中频繁出现，仅《诗经》中就有 6 次之多，其中我们最为熟悉的是《诗经》中的"东门之池，可以沤麻"，这首欢快的国风重现了当时陈国人浸麻、洗麻和漂麻的场景。后世虽然并不把大麻的种子作为主要的谷物来食用，关于"五谷"也有以稻代麻的说法，但仍然不减其在人们心中的地位。

在科学家、农学家和社会学家的眼里，大麻一直都是明星植物，他们研究它的栽培历程、进化历史，关注它的各种用途，尤其是现代医药功能，探讨它作为毒品的社会属性、作为麻醉物的科学或文化属性等。这些模糊又复杂的问题足以被当作一个个项目来仔细研究，但另一个看似比较清晰的问题却在近现代成为人们争论的焦点，这个问题就是大麻的起源。

大多数植物分类学教科书都写着大麻属于桑科，但后来根据分子生物学证据的研究证实，大麻属应从桑科分出，和葎草属、原榆科的朴亚科等类群合并组成大麻科，大麻家族以大麻的名义被重新确立了。1753 年，现代生物分类学的奠基人卡尔·林奈（Carl Linné）建立了大麻属，并简单地写道大麻"产于印度"，自此以后，大麻属内的新名称就不断出现，目前至少有 27 个，这意味着分类学家认为世界上至少存在 27 种不同的大麻。事实上，大麻确实是一个形态变异非常大的物种，分类学家根据植株高矮、叶片大小、果实形态、化学成分以及细胞学等，将大麻划分为许多不同的类型。但最终人们还是达成了一致，认为世上只存在一种大麻，并指出现存的多种变异应为不同的栽培型或生物型。

宽叶麻用型大麻

窄叶型大麻

窄叶型大麻的叶片瘦长，常见于荒野中，它们身形矮小而显得紧凑

在往昔的农田里，大麻身材魁梧，掌状的叶片宽大厚实，就连携带着后代基因的果实都要大一些，而在荒野中，它们身形矮小，叶片瘦长而显得单薄，果实也明显要小一些，这就是宽叶型和窄叶型的区别。在专家看来，它们之间的差别远不止于此，分枝多少、节间长短、花序特征、种子尺寸以及用途和分布中心等的不同，都可以将其划分为不同的类型，尤其是它所特有的一种神经兴奋性复合物——四氢大麻酚——的含量，低于0.3%的被称为大麻原亚种或麻用型大麻，高于0.3%的被称为印度大麻或者药用型大麻，现在它们分别有一个更加响亮的名字——工业大麻和毒品大麻！其中宽叶麻用型大麻在中国分布最为广泛，从西南地区的横断山区—云贵高原至东北地区均有栽培或逸生，韩国和日本大量栽培的也是这种类型。大麻的故事演绎到现代社会，显然已经超越了植物分类学或农学的范畴，还涉及法律、伦理以及社会生活等许多方面。

大麻古老的栽培历史使得其确切的起源地显得很模糊，《中国植物志》英文版（*Flora of China*）也只是模糊地记载着其"可能起源于中亚""原产或归化于我国新疆""原产或归化于锡金、不丹和印度"，这种莫衷一是的说法让人很是困惑。最早研究大麻起源的是瑞士植物学家德堪多，他于1882年指出从里海南部至吉尔吉斯斯坦、俄罗斯西伯利亚地区鄂木斯克附近，经贝加尔湖直至伊尔库茨克州的达乌里山脉的广阔区域均有野生大麻的分布[1]。著名的苏联植物学家瓦维洛夫（Vavilov）经过大量的科学考察，并对不同类型的大麻进行细致的分析之后，也同意德堪多的观点，即中亚地区至少为大麻起源地之一，很可能是阿尔泰山的高地山谷，但同时他也

---

[1] de Candolle. Origin of cultivated plants. New York: Daniel Appleton and Company, 1885: 148-149. First edition published 1882 in French.

认为中国华北地区也可能是它的原产地之一①。

当然，还有很多不同的声音，印度大麻药品委员会（The Indian Hemp Drugs Commission）认为大麻起源于一个包括喜马拉雅南部山麓在内的更加广泛的区域。其他关于大麻起源地的说法还包括伊朗等，这些推测根据古书记载和墓葬出土物品的年代等得出，长期以来占据着农史考证的主流。古文献和墓葬出土大麻制品或种子的年代测定确实能够反映大麻在该地域出现的时间，我们也依靠这些证据解决了很多有争议的问题。

《尚书·禹贡》记载："海岱惟青州……厥贡盐、绨，海物惟错；岱畎丝、枲、铅、松、怪石。"其中"枲"指的是不结实的雄株大麻。这段话是禹贡中关于九州之中的青州的记载，说这里的人民进贡盐、细葛布和各种各样的海产品；泰山的山谷中产丝、大麻、铅、松树和奇特的怪石。将近4000年前，大麻野生于泰山的山谷之中，作为珍品被进贡于朝廷。再访泰山之谷，我们仍然可以看见沿谷而生但已无人问津的大麻。这是中国古文献中唯一记载野生大麻的文字，其他包括《诗经》《楚辞》《吕氏春秋》《氾胜之书》《齐民要术》等在内的所有典籍所描述的"麻"都是栽培的。而国外论及大麻的古书却较为少见，欧洲最早的记载是公元前270年，西西里的西拉库斯国王希伦二世（Hiero II of Syracuse）为他的船用缆绳在高卢购买了大麻，这种由大麻制作的缆绳在后来的大航海时代和勘探新大陆中发挥了重要的作用。

再看看一些来自墓葬和远古地层的发现。地质学家曾在贝加尔湖发现

---

① Vavilov N I. Tzentry proiskhozhdeniya kulturnykh rastenii. [The centers of origin of cultivated plants]. [In Russian and English.] Bulletin of Applied Botany, Genetics, and Plant Breeding. 1926, 16(2): 1-248]

了距今约 15000 年的大麻花粉，这是目前所知最早的关于大麻的记录，在距今约 6000 年的南西伯利亚阿尔泰山也有大麻花粉的发现。最为丰富的大麻出土物品则来自中国，在距今 5500—5000 年的内蒙古哈民忙哈史前聚落遗址和距今 4000—3500 年的内蒙古二道井子夏家店下层文化中均出土了 3 粒大麻籽，此外，在夏家店下层文化的辽宁北票丰下还出土了附在小孩骨架上的大麻纤维。这些证据证明，在东北地区的西辽河上游流域，人们在新石器时代就开始了大麻的栽培，并利用大麻纤维进行纺织。

在麻类织物出土丰富的新疆地区也发现了距今约 4000 年的大麻纤维，新疆吐鲁番洋海墓地还发现了保存完好的大麻叶片、果实和枝条，距今约

至今仍然野生于泰山沟谷中的大麻

每到开花时节，雄性大麻就开始大量释放花粉

2500 年，只不过经过更为先进的技术手段——DNA 序列的比对分析后发现，这份古老的大麻样本应该是由欧洲—西伯利亚传入中国的[①]。至此，大麻的起源之地和传播之路似乎已经呼之欲出了，但还缺少最后一块拼图。

2021 年，在全球大范围采样工作的基础上，研究人员利用 110 个基因组重测序数据，涵盖了麻用型和药用型的野外生长样品、地方品种、历史栽培品系和现代杂交品系的全部谱系，揭示了大麻的驯化起源和历史，认为大麻最早是在东亚单一驯化起源的，这与我国早期的考古证据相一致，而与之前认为的中亚驯化起源假说不同[②]。因此，关于大麻起源的争论可以告一段落了：中国就是大麻的发源地！

研究人员认为大麻在新石器时代早期就已经被驯化，从 12000 年前到 4000 年前，驯化的大麻是一种多用途作物，在大约 4000 年前分化成了现有的麻用和药用类型。考古证据和历史记载显示，大麻在中国主要用于纤维、食物或药用，其中纤维型大麻向西传到中亚和欧洲，而在印度仅仅用于药物或宗教活动，之后的药用或毒品大麻可能是在印度被选择驯化的，然后传到非洲（13 世纪）、拉丁美洲（16 世纪）和北美洲（20 世纪）等世界其他地方，并在这些地方经历了强烈的人工选择，四氢大麻酚的含量大大提高了。一种叫作赤胸朱顶雀（*Carduelis cannabina*）的候鸟是大麻由中亚传播至周边区域的关键因素，马也为大麻在整个欧亚大陆的传播发挥了重要作用，但人类的有意引种栽培无疑是大麻遍布世界的主要推手。

① Mukherjee A, Roy S. C, de Bera S, et al. Results of molecular analysis of an archaeological hemp (*Cannabis sativa* L.) DNA sample from North West China. Genetic Resources and Crop Evolution, 2008, 55(4): 481-485.

② Ren G, Zhang X, Li Y, et al. Large-scale whole-genome resequencing unravels the domestication history of *Cannabis sativa*. Science Advances. 2021, 7(29): eabg2286.

　　四时变幻，转眼已过千年。大麻仍旧在争论的漩涡中继续生长。世界上大多数国家对大麻都有着严格的管理，中国对包含大麻在内的所有毒品原植物也都有着严格的管制。自2008年6月《中华人民共和国禁毒法》颁布以来，大麻在农田里就再难觅踪迹了，昔日作为五谷之一的辉煌也逐渐淡去，还曾一度被错误地当作外来植物甚至是入侵植物。随后，工业大麻的逐渐兴起使得它有了"东山再起"的时机，成为重要的商业植物受到大家青睐，现在种植大麻的土地通常都被遮蔽在高高的篱笆后面。2010年1月，《云南省工业大麻种植加工许可规定》正式施行，云南成为国内最早将工业大麻种植合法化的省份，种植区域曾遍及省内各市州，之后是黑龙江，吉林有望成为第三个。但随着政策的收紧以及市场的不断紧缩，工业大麻在被资本疯狂追逐之后最终也许还是难逃热闹之后的沉寂。

　　金乌西坠，当夕阳的余晖透过大麻掌状的叶子，时光仿佛回到了千年之前。作为远古作物，它曾有过无上荣耀，与麦、黍并列，也曾堕入凡尘，成为毒品的代名词。但无论是"蜉蝣掘阅，麻衣如雪"还是"布衣遮体，瑟瑟难抑"，都彰显出大麻"国纺源头，万年衣祖"的地位。大航海时代的船员们用着大麻制的帆布和缆绳，驾船去探索新大陆；美国南北战争时期，托马斯·杰斐逊（Thomas Jefferson）在由大麻纤维制成的纸张上起草了《独立宣言》；许多版本的《圣经》也都采用了寿命更为长久的麻纸来印刷；20世纪90年代，关中平原的人们还在街边嗑着炒熟的大麻籽聊着闲天……大麻与人类总有道不完的故事，无论是过去、现在或未来，它背后的传奇永远不会穷尽。

苜蓿：穿越千年的牧草之王

"敕勒川，阴山下。天似穹庐，笼盖四野。天苍苍，野茫茫，风吹草低见牛羊。"这是一首带有浓郁草原气息的北朝民歌《敕勒歌》，透过这字里行间，一幅辽阔的草原景象带着勃勃生机跃然眼前。内蒙古敕勒川草原的夏季，就是成群的牛羊和丰茂的禾草的世界，遥想当年，北齐的牧民就生活在这一片祥和之中。如今，草原上的禾草依然丰美，甚至可以想象那就是千年之前那些禾草的后裔，但随着时光的流逝，草原上的牧草在不断替代更新，随着一部分禾草的消失和新成员的到来，草场似乎也有所退化了。

现在的敕勒川不仅仅是一片草场，也是一个颇受欢迎的景点，草场上不只有牛羊，还有成群的游客和驮着游客的马匹。大地上也不只有一望无际的绿色，还点缀着黄色、红色、白色、蓝色和紫色，最为人所熟悉的则是那一片一片的蓝紫色，因其巨大的饲用价值而家喻户晓，有时还透露出一股让人心安的亲切感，它们叫紫苜蓿（*Medicago sativa*），更多的时候人们都简称为苜蓿。

苜蓿，应是古大宛语 buksuk 的音译。"大宛"就是《史记·大宛列传》中的大宛，泛指中亚乌兹别克斯坦费尔干纳盆地，这里是紫苜蓿的原产地。关于苜蓿名字的来历，李时珍在《本草纲目》有言："苜蓿，郭璞作牧宿。谓其宿根自生，可饲牧牛马也。又罗愿《尔雅翼》作木粟，言其米可炊饭也。"这种说法或许有一定道理，但考虑到对一种新鲜事物的命名往往会以当地的语言为依据，因此和音译的说法相比，这种解释总不免有些牵强附会。从这段文字可以看出，紫苜蓿自引入之初目的就非常明确，即作为牧

田野里随处可见的紫苜蓿

草以饲牧牛马。

在中国，紫苜蓿总是和另外两个名字联系在一起，一个是张骞，另一个是葡萄。

张骞是西汉时期一位伟大的使者，富有开拓和冒险精神。关于苜蓿来到中国，一贯以来的说法是："张骞使外国十八年，得苜蓿归。"这句话来自贾思勰的《齐民要术》，这部巨著关于葡萄的引入也是类似的说法："汉武帝使张骞至大宛，取葡萄实于离宫别馆旁，尽种之。"作为丝绸之路的开拓者，太史公司马迁笔下的"凿空"西域之人，梁启超眼中的"坚忍磊落奇男子"和"世界史开幕第一人"，张骞成了一个文化符号，被当作民族英雄受到众人膜拜。的确，张骞的活动让包括苜蓿、葡萄等在内的诸多异域物品进入中土的可能性空前提高。正因为他历经千难万险首通西域，后人将这些来自异域之物的传入都归功于他。然而，各方对于苜蓿的传入却也有其他更加理性的声音。20世纪60年代初，农史专家石声汉先生就曾在《科学史研究》发表过《试论我国从西域引入的植物与张骞的关系》，指出这个说法并无确凿根据，这只是在传统史学追忆中普遍存在的"英雄"想象迷雾，后世的推崇更是将这个迷雾幻化成了想象中的事实。其实早在东汉时期，史学家班固就在《汉书·西域传上》中写道："宛王蝉封与汉约，岁献天马二匹。汉使采蒲陶、目宿种归。天子以天马多，又外国使来众，益种蒲陶、目宿离宫馆旁，极望焉。""蒲陶"即葡萄，"目宿"即苜蓿，但这里的主角变成了"汉使"。《史记·大宛列传》中也如是记载："俗嗜酒，马嗜苜蓿。汉使取其实来，於是天子始种苜蓿、蒲陶肥饶地。"人好酒，马喜苜蓿，于是它们就在大汉使者的引介下携手来到了中国。

从苜蓿引种的前因后果看，上述记载更接近真实的历史。当年那些物产大都是"汉使"引入，时间也在首通西域之后，甚至是在太初元年（公元前 104 年）大将军李广利攻克大宛并取得汗血马而归之后，因为引种苜蓿的最初目的，正是考虑到饲养汗血马的需要，正所谓"苜蓿随天马，葡萄逐汉臣"。

一直到唐朝，苜蓿和葡萄都一直紧密地联系在一起。"天马常衔苜蓿花，胡人岁献葡萄酒。"汗血宝马常以苜蓿为食，中亚的大宛人每年都献上香醇的葡萄美酒。透过诗文我们可以看到，来自异域的苜蓿和葡萄在汉唐的宫廷生活里享受着同等的待遇。苜蓿作为天马的重要饲料来源在引入之初就得到了较大范围的种植，可以想见陕西关中平原，在天子的养马场周围，一片片蓝紫色花束随风摇曳的景象。在茂盛的绿叶掩映下，紫苜蓿的花序显得有些零碎，但对天马来说，这片绿色的海洋才是它们的天堂。

古人对于许多植物的种植都较为粗放，并不像小麦那样精耕细作。将紫苜蓿的种子稍作处理，均匀地撒在整好的田地上，10 天左右小小的嫩芽就能顶破泥土，两片肥硕的子叶像圆圆的耳朵一样，迎着暖阳和微风，它们开始了并不算短暂的一生。作为多年生草本

一只蜜蜂正在紫苜蓿的花序顶端搜索花蜜
紫苜蓿具总状花序，花开紫色，中间有深蓝色脉纹

夏末秋初，紫苜蓿开始结出旋转似圆盘状的荚果

植物，耐刈割是它送给人们最好的礼物，这意味着只需要一次播种就能收获好几年的青苗。贾思勰也称赞道："春初既中生啖，为羹甚香。长宜饲马，马尤嗜之。此物长生，种者一劳永逸。"每到夏末秋初，苜蓿花开始纷纷凋落，旋转似圆盘的果实出现了，它们很容易随着动物们的活动传向远处，当然，人类的活动是它们遍布大江南北的主要原因。

紫苜蓿能够轻易逃离舒适的种植场而扎根于荒野。在唐玄宗时期，把蓝紫色花海开在山坡上的紫苜蓿就已经出现在了杜甫的诗篇《寓目》里："一县蒲萄熟，秋山苜蓿多。"诗里的山指的是"秦山"，在甘肃东南部和陕西的交界处，这和紫苜蓿的引入途径与早期分布相吻合。

现在紫苜蓿在田野里已经随处可见，它对人类的重要性也丝毫未减，甚至上升到了新的高度。我国已有近两千年的苜蓿种植历史，过去苜蓿总与养马业相连，现在则主要用来饲养奶牛。现在的苜蓿也早已不同于过去，虽然形态上非常相似，但营养价值、蛋白质含量、单位面积产量、适口性等等早已超越了过去的苜蓿。截至目前，我国审定登记的苜蓿品种已经有数十个，得益于当时的农业部于 2009 年提出的"振兴奶业苜蓿发展行动"，紫苜蓿的种植面积和产量一直在稳步增长，2018—2020 年全国苜蓿种植面积由 43.33 万公顷上升到了 54.67 万公顷，而西北地区仍然是主要种植区，主导了我国的苜蓿种植，形成了甘肃河西走廊、内蒙古科尔沁草原、宁夏河套灌区等一批集中连片的优质苜蓿种植基地[①]。但即使如此，我国每年还是要从美国和西班牙等苜蓿种植大国进口超过 100 万吨苜蓿草，以满足国内不断增长的需求。如今，紫苜蓿在世界范围内是名副其实的"牧草之王"，也已成为我国北方豆科牧草的当家草种。

苜蓿家族在全世界约有 85 个成员，其中紫苜蓿无疑是自然界对人类所豢养的大型牲畜最宝贵的馈赠，其他的苜蓿成员则大多都是生长在荒野山坡上不起眼的小草，有开紫花的，也有开黄花的，但它们那具有 3 枚小叶片的复叶长得都十分相似，以至于北宋的大诗人梅尧臣在《咏苜蓿》一诗中也出现了张冠李戴的情形："苜蓿来西域，蒲萄亦既随。胡人初未惜，汉使始能持。宛马当求日，离宫旧种时。黄花今自发，撩乱牧牛陂。"显然他看到的不是来自西域的紫苜蓿，而是开着黄花的不知名苜蓿，我国著名植物学家吴征镒先生认为这是野苜蓿（*Medicago falcata*）。

在长江流域的菜地和田野旁，生长着另外一种开小黄花的苜蓿。《本草纲目》记载："入夏及秋，开细黄花。结小荚圆扁，旋转有刺，数荚累累，

---

① 王瑞港，徐伟平 . 我国苜蓿产业发展特征与趋势分析 . 中国农业科技导报，2021, 23(12):
7-12.

老则黑色。内有米如穄，可为饭，亦可酿酒。"这是最早的关于这种苜蓿的详细描述，可能因为它主要分布在南方，这种植物被唤作南苜蓿（*Medicago polymorpha*）。夏季花开时隐藏在绿叶下的小黄花令人印象深刻，有很多人也因此叫它金花菜。旋转而带刺的圆扁的小荚果是它最独特的形态，和紫苜蓿相比，南苜蓿的果荚更容易被动物携带至远处。

南苜蓿的花冠黄色，中间有红色脉纹

　　南苜蓿原产于地中海地区，和紫苜蓿一样，都是欧亚大陆上优良的牧草资源，但南苜蓿的种植范围和受重视程度就像各自的花序大小一样，远远不及紫苜蓿。南苜蓿在中国的规模化种植区域在云南楚雄，每年冬季当土地闲置时才轮到南苜蓿大展拳脚，冬春季的种植面积在 1000 公顷以上，主要是作为草食家畜的优质饲料。长江中下游流域也有较大范围的种植，但一般都是零散地生长在路边草坡或田埂之上，呈半野生的状态。然而正是这充满了田园味道的苜蓿为长三角地区冬季的餐桌上增添了一道难得的美味，是苜蓿家族为满足人类的口腹之欲所准备的礼物。

　　南苜蓿上了餐桌之后被称为草头。草头去掉杂质，浸水洗净；热锅入油，此时将其稍稍沥水；油热后，加入草头，大火翻炒；待其回缩，加入一勺白酒增香，再加入盐、糖等翻炒均匀；煸炒出水至熟后即可出锅。这就是流行的酒香草头的做法，是一道上海以及周边民众最喜爱的时令蔬菜之一。草头只在一年中秋寒入冬至冬去春来这个短暂而又湿冷的季节上市。如今虽然有了温室大棚，但总的来说"应季"才是人们的追求。因此无论从吃的时间还是地域来说，草头都算是一个比较小众的美食。咀嚼一口酒香草头，除了酒香之外，还能真切地感受到它既醇厚又鲜甜的汁水，这是叶醇和游离氨基酸的功劳，叶醇是一种具有强烈的绿色嫩叶清香气味的无色油状液体，荠菜等很多鲜美的蔬菜都含有这一类物质。

当我们品尝着这道美味时，可能不会想到它竟然来自遥远的地中海盆地。南苜蓿是何时由何种方式传入中国的已经无法知晓了，从古文献的记载中只能窥见一斑，但文字之中所传达出来的喜爱之情是无法掩盖的。南苜蓿虽然没有像紫苜蓿一样成为牧草之王，却也拥有巨大的牧草潜质，成为美食可能只是对于我们而言的意外之喜。

南苜蓿于夏初结小荚圆扁，旋转有刺，内有米如穄，可为饭，亦可酿酒

南苜蓿如今在南方依然被大量种植

　　千年以前，紫苜蓿和南苜蓿先后来到中国，千年之后，它们已遍布田野。再回到梅尧臣的诗句"黄花今自发，撩乱牧牛陂"，他错把开黄花的苜蓿当成了来自西域的紫苜蓿，但野生的苜蓿草在放牛的山坡上杂乱生长的景象是真实的。诗人笔下的野生苜蓿和现在的场景并无二致，苜蓿草成功地逃脱了园圃的束缚，在有些地方成了杂乱无章的野草，很多书籍和文献都把它们列入了外来入侵植物名单里面，可能主要是因为它们属于外来之物。经过近千年的光阴，紫苜蓿和南苜蓿早已融入了当地的环境，虽然回归了野性，却和其他物种之间达成了协调和统一的生态平衡，这是苜蓿草本身无害的体现，同时也是岁月的积淀。

牵牛：素罗笠顶的田园之花

关于牵牛（*Ipomoea nil*）的童年记忆，是那夏日的"喇叭花"：它们或伏于路边，或攀援在菜园的篱笆上，毛茸茸的茎蔓相互缠绕着逐光生长，碧蓝色的花朵在清晨迎风绽放。牵牛用最轻盈的身姿支撑着最靓丽的色彩，迎接着早晨的阳光和雨露，就像乡间那些早起劳作的勤劳的姑娘，因此牵牛花的俗名叫作"勤娘子"。我小时候最喜欢做的事情，是摘下它的"小喇叭"，将里面紧贴喇叭口而生的花丝小心翼翼地除去，然后放在嘴边对着喇叭吹气，假装自己是一名小号手，口中拟声做出"滴滴滴"的声响。夏末，随着牵牛花的凋落，果实也逐渐成熟了，我们在果皮炸裂之前仔细地剪下那鼓鼓囊囊的蒴果，收集满满一盒子三棱形的种子，这些种子寄托了我们对夏天的再一次期待，憧憬着明年的篱笆上还能爬满碧蓝的喇叭花。

在开阔的生境中，它们迎着晨光努力地向上生长。"这样，藤蔓很容易

素罗笠顶的牵牛花

爬到了墙头；随后长出来的互相纠缠着，因自身的重量倒垂下来，但末梢的嫩条便又蛇头一般仰起，向上伸，与别组的嫩条纠缠，待不胜重量时重演那老把戏；因此墙头往往堆积着繁密的叶和花，与墙腰的部分不相称。"这段朴实的文字来着著名教育家叶圣陶先生的散文《牵牛花》，不仅细致地描述了牵牛的生长习性，还透露出它顽强的生命力。

不只是牵牛，整个庞大的牵牛家族都具有强大的适应能力。虽然绝大部分种类都起源于美洲的热带地区，但它们的踪迹已经遍布世界各地，牵牛就是其中最有代表性的物种。牵牛和它的近亲圆叶牵牛（*Ipomoea purpurea*）甚至已经将领地扩张到了北温带，如天空般层次多样的蓝色花朵

圆叶牵牛常作为观赏花卉受到许多人的青睐

已成为北方户外最娇美的野花之一。如果不是确凿的遗传学和分子生物学证据，牵牛广泛的分布地域和悠久的利用历史足以让它的起源成为一个难解的谜团。

大约在汉朝末年，由历代医家陆续汇编而成的《名医别录》中就有牵牛子入药的记录，并将它列为下品。南朝陶弘景说这种可以入药的植物生于田野之中，因牵牛子入药效果良好，人们牵着牛来换药，所以被称为牵牛。《本草纲目》的记载则更加详细："弘景曰：此药始出田野，人牵牛易药，故以名之。"李时珍接着写道："近人隐其名为黑丑，白者为白丑，盖以丑属牛也。"明朝中期人们将黑色的牵牛子称为"黑丑"，白色的称为"白丑"，并不是指它们长得丑，而是因为在天干地支中丑是牛的代称。一种植物在民间具有多种不同意象的名称往往意味着这种植物早已融入人们的生活中，牵牛正是如此。在许多人看来，牵牛花从古至今都是乡土野花，是大自然赐予乡村孩童的珍贵礼物。然而事实却与此相反，牵牛和我们喜爱的番薯（*Ipomoea batatas*）一样，都是来自大洋彼岸的新大陆的馈赠。

作为在中华大地上流传了数百年的药用植物，牵牛于唐朝被遣唐使带去了日本，在奈良时代和平安时代成为日本的药材之一，平安时代末期成书的《平家纳经》（1164 年）中已经有了疑似牵牛花和叶子的绘画。到了江户时代，牵牛摇身一变，成为炙手可热的园艺植物。明治时期，日本将首都由京都迁往江户，并改名为东京，正是此时，牵牛在日本的普及达到了顶峰。而自牵牛传入日本开始，它就有了另外一个独具其民族特色的名字——朝颜。《源氏物语》中以朝颜喻主人公槿姬，槿姬的际遇也恰似朝颜那般，迎着初升的太阳，朝气蓬勃而充满希望。朝颜在日本的和歌和俳句中也是很常见的物象，诗人松尾芭蕉就曾多次在其俳句中提到墙角的朝颜。

经过勤劳的农夫和园丁们不断栽培和杂交选育，牵牛在日本已经幻化出了千奇百怪的模样，颜色也从单调的蓝紫或粉红变得五彩斑斓。大如斗笠、小若碎花、裂似丝絮、重瓣近百褶裙状，绛红色、栗褐色、天蓝色、月白色，更多的则是由不同颜色组合而成的杂色，如白底蓝边、红底白纹或蓝底紫纹，颠覆了前人关于牵牛花的想象，在这里将牵牛花叫作喇叭花就显得不合时宜了。1976年后，牵牛和它的近缘种圆叶牵牛成功杂交，"曙白"花纹随之诞生，之后随着基因工程技术兴起，又陆续创造出了花期延长和明黄色花的品系。如今由牵牛培育而来的品种已达数千种之多，其中大轮朝颜系列以其硕大的花径和丰富的色彩成为最受欢迎的类群。从1817年秋水茶寮画笔下的《丁丑朝颜谱》到1854年服部雪斋所绘的《朝颜三十六花撰》，当初关于朝颜的一切想象都在园丁们的努力下成为现实。

在中国，牵牛的绘画最早见于北宋唐慎微的《证类本草》，蜿蜒的藤蔓缠绕在几根枯枝上，三裂的叶子覆盖其上，中间有一朵盛放的牵牛花，在整幅画的最下部藏着两粒掩映在叶片下的饱满的果实。这幅画并没有追求艺术上的深度，只是简单地用于识别，因为彼时牵牛在中国一直都只是用来入药。宋朝也有许多歌咏牵牛花的诗歌，但描绘的也都是乡野之间最普通的牵牛，在那些优美的诗句里对牵牛花颜色的描述几乎都离不开一个"碧"字，这也说明碧

圆叶牵牛可爱的蓝紫色花只是它颜色库里的冰山一角

蓝色是牵牛花的主色调，只有少数观察细致的诗人将一天之中花色的变化写入了诗中：

> 素罗笠顶碧罗檐，晚卸蓝裳著茜衫。
> 望见竹篱心独喜，翩然飞上翠琼簪。

诗人杨万里把牵牛花比作一顶白色的笠帽，帽檐是碧蓝色的，日落以后，碧蓝色的花朵开始卸掉"蓝裳"换上"茜衫"，由碧蓝色变成了浅红色。这个过程和我们所熟知的化学变色反应原理是相通的，牵牛花在一天中的花色变化是由大量存在于花瓣中的花青素决定的，阳光照射后，花瓣经过一系列的化学反应由碱性变为酸性，花青素随酸碱度不同而逐渐变色，最终花瓣由蓝变红。这素罗笠顶的牵牛见竹篱而心喜，恣意地展示着它善攀爬和喜缠绕的习性。

关于藤蔓植物，达尔文在他那部相对而言不太有名的《攀援植物的运动和习性》中有非常细致的观察和详尽的描述。达尔文测量了许多藤本植物的旋转周期和回旋周长，发现向右旋转的啤酒花（*Humulus lupulus*）缠绕一圈所需的时间为有规律的 2 小时或 2 小时 20 分钟，而向左旋转的牵牛每绕一圈要耗费 4 至 5 个小时。这种螺旋式的缠绕生长常常使它们在支撑物表面形成一个垂幕，有时这个垂幕无比巨大，以至于令支撑物的表面感受不到半点阳光。

无论是墙角处的朝颜还是竹篱上的牵牛，诗人们从不吝啬对于它的赞美。尽管牵牛的花期似樱花般短暂，单朵花的开花时间甚至仅能维持半日，但这也不妨碍日本人民对它的热情，牵牛已经成为日本重要的栽培花卉之一，日本也成为观赏牵牛品种的培育大国。中国曾于 20 世纪初从日本引入

牵牛的花冠色彩丰富，同一株上有时兼具多种颜色的花

多个不同品种的牵牛花，但大多都只限于花卉爱好者的个人引种。京剧大师梅兰芳在夏天养的赭石色和灰色的牵牛就是从日本引进的品种，他和大画家齐白石也曾留下"百本牵牛花碗大，三年无梦到梅家"的佳话，齐白石笔下的牵牛也因此生出无限情趣，他们和牵牛花的故事一直流传至今。

除了如火如荼的品种培育之外，日本学者对牵牛的科学研究也不遗余力。他们和美国旋花科专家丹尼尔·奥斯汀（Daniel F. Austin）合作，从文献考证、形态特征、传统遗传学和分子生物学等多方面研究了牵牛的自然历史，结果发现起源于美洲的牵牛有一个从非洲经南亚到东亚的传播过程。他们进而对牵牛的传播方式提出了四种假设，其中可能性最大的是牵牛的种子通过动物（比如候鸟）的偶然携带跨越大西洋到了非洲，再随着动物或人类的迁徙陆续传入南亚和东亚①。因此，牵牛来到中国的时间可能在几千甚至几万年之前。抛开这些有关于起源和传播的证据，仅从古籍记载和古画记录出发，将牵牛视为乡土野花也情有可原。有趣的是，学者们进行这项研究的灵感正是来自《平家纳经》中一幅疑似牵牛的绘画，尽管现在似乎已经没有什么争议了，但他们所做的四种假设之一就是画中的植物并非牵牛，而是和牵牛很像的其他本土物种。

牵牛家族在植物学上叫作番薯属，广义的番薯属包含了大约 500 个物种，这个观点如今被广泛支持，并将原本独立的牵牛属、茑萝属、月光花属、金鱼花属、虎掌藤属和狭义的番薯属全部囊括在内。面对如此庞大的家族，即使是植物分类学家也难免会对一些相似的物种产生疑惑，错误鉴定也是常有的事，更何况面对一幅可能并不太准确的绘画呢！

---

① Austin D F, Kitajima K, Yoneda Y, et al. A putative tropical American plant, *Ipomoea nil* (Convolvulaceae), in pre-Columbian Japanese art. Economic Botany, 2001, 55 (4): 515-527.

事实上，分类学家对于牵牛也有不同的看法，很多人认为那些叶片三裂的牵牛应该被划分为变色牵牛（*Ipomoea indica*）、裂叶牵牛（*Ipomoea hederacea*）和牵牛 3 个不同的物种，他们的依据是花序梗的长度、花序上小花的数量、叶片开裂的深度和花萼的形态等。另外一些学者则认为三者应该归并为一种，他们承认三者之间存在着形态上的差异，但分子生物学证据却显示它们之间并无本质区别。前一种划分方式受到了园艺学家的广泛欢迎，因为更多的物种意味着更多培育新品种的机会。当然，不管分类学界如何争论，园艺学家一直都是这么做的。

牵牛自从扎根于中国以来，经过数千年适应，已经从异域之花摇身变成了人们喜爱的田园之花。直到明朝万历十年（1582 年），另一个来自墨西哥尤卡坦半岛的番薯属成员由广东人陈益从越南引种到东莞之后，牵牛家族成员才算给中国社会和生态带来了第一次冲击。不过在当时食不果腹的背景下，这次冲击就像它地底下块根的味道一样甜美，这个成员的名字叫作甘薯，中文正名叫番薯。它的传入还有一条更加广为人知的路线，那就是福建人陈振龙于万历二十一年（1593 年）从菲律宾吕宋岛将一根番薯藤蔓带回福州。现在福州市长乐区鹤上镇的陈振龙故居就是用以纪念他当年的丰功伟绩。

茑萝高脚碟状的花冠显得十分娇柔

变色牵牛具有最宽的叶片，中午时分花冠为天蓝色

五爪金龙就像一块巨大的绿色幕布覆盖在其他树木身上

20 世纪初，可以预见的第二次冲击到来了，来自热带亚洲和非洲的五爪金龙（*Ipomoea cairica*）登陆香港，并迅速在南岭以南扩张。它就像一块巨大的绿色幕布覆盖在其他树木身上，甚至能让整片红树林或果园都黯淡无光，对农林业生产和自然生态系统造成巨大的危害。又过了 20 年，另一个来自热带美洲的物种也如期来到澳门，这次是三裂叶薯（*Ipomoea triloba*）。在淡红色小花的背后掩藏着它巨大的野心，它的缠绕能力和扩张速度令人咋舌，经过近百年的蛰伏，华东地区也遭受到了巨大绿幕的威胁。

这些外来植物的闯入总是会引发很多的关注，它们可不像番薯般甜美，也不似叶子"细密如织翠"的茑萝（*Ipomoea quamoclit*）般娇柔，无限缠绕的特征和快速扩张的本性使它们成为人们必须面对的巨大麻烦。牵牛虽然也有类似的本领，却还算比较克制，我甚至幻想着在某一个阳光明媚的清晨，碧蓝色的喇叭花会不会突然出现在二楼的小窗台，和麻雀一起，唤我起床？牵牛花承载了我对童年清晨的记忆，旺盛的生命力和野性是它赖以生存的特质，也代表了一种充满韧性和顽强不屈的品质。

叶片"细密如织翠"的茑萝

曼陀罗

彼得·埃瑟，德国植物学家，于 1910 年出版《德国有毒植物》，介绍了
德国常见的原生与外来有毒植物，除精美插图外，作者还对植物形态
和毒性等进行了详细描述。

Peter Esser, Die Giftpflanzen Deutschlands *t. 89* (1910)

第二章

航海时代的受益者

北宋时期，蓬勃发展的海上丝绸之路成为对外交流的新通道，这条通道以瓷器和香药贸易为主，因此又叫"陶瓷之路"或"香药之路"，许多植物也趁此进入中国。

如果没有能够跨洋远航的帆船，我们可能无缘与那些源自美洲大陆的有趣植物相见。直到欧洲人的登陆打破了这里原有的秩序，许多植物都成为探险之路的见证者。

曼陀罗：扑朔迷离的身世

　　"曼陀罗"最初是佛教用语，音译自梵语 Mandala，有时也译作曼荼罗。公元 5 世纪初，后秦时期的著名译经家鸠摩罗什译出《妙法莲华经》，那一段关于佛祖说法讲经时天花乱坠的美妙场景栩栩如生，"曼陀罗"三个字正是此时进入了汉语的词汇库。现如今，曼陀罗的含义已经变成了茄科曼陀罗属的植物，这一类植物从南到北都有分布，如田边杂草般常见。然而，无论是高深的佛语还是卑微的野草，都如"曼陀罗"这三个字一样透露出满满的神秘感。

　　在印度的瑜伽术中，曼陀罗是一种用来静思打坐的工具，在现实中可能就是简单的一个小土台，也可以用各种绘图方式制作，后来演变成一种佛教艺术。曼陀罗是一个抽象的名词，是天地万物几何图形的描绘，是有德高僧和功德的聚集之处，是佛教密宗法师在聚众做法时所筑的高台，他们将其称为"坛场"或"坛城"。曼陀罗在藏传佛教中同样具有极其重要的地位，这种复杂又十分清晰的结构图式作为供养神圣主尊的"精神殿堂"而存在。位于布达拉宫中央位置的红宫便是采用了曼陀罗布局，围绕着灵塔殿建造了许多经堂和佛殿，其中坛城殿有三个巨大的铜制坛城，也就是曼陀罗，供奉着密宗三佛。因此，我们可以说曼陀罗是专属于佛教的一种特殊的文化现象。

"曼陀罗华"同样也是如此，梵文为 Mandarava，它是佛教五彩缤纷的天花之一，更是"佛教四华"之首。《妙法莲华经》记载："是时天雨曼陀罗华、摩诃曼陀罗华、曼珠沙华、摩诃曼殊沙华，而散佛上，及诸大众。"这就是"天花乱坠"的景象，或许是"曼陀罗"第一次和植物联系在一起。唐朝玄奘法师翻译的《称赞净土经》中称赞曼陀罗华为上妙天华，《大智度论》中也说"天华中妙者，名曼陀罗"。但"曼陀罗华"究竟为何花？在佛教文献中自始至终都未明说，或许这种具体的问题对于佛法的弘扬而言并不重要，因为它的本意就是祥瑞的"天界之花"而已，所代表的意象远远大于形象。事实上，"曼陀罗华"就像人们喜爱的"格桑花"一样，一切美好的、祥瑞的、符合佛教审美和信仰的花都可以称之为"曼陀罗华"。

北宋时期，中国典籍中记载的曼陀罗才开始实有所指，而不再是抽象的天花。周师厚《洛阳花木记》中录有"蔓陀罗花、千叶蔓陀罗花、重台蔓陀罗花"。这些异域奇卉很可能是当时引入洛阳的新种，即书中所谓的"近世所出新花"，也很有可能就是现今的曼陀罗属植物，它们远道而来并相聚于"花卉之盛甲于天下"的洛阳。几乎同时代成书的《涑水记闻》则首次记录了曼陀罗的麻醉功能，司马光在此书中记载了湖南的官员杜杞曾用毒酒对付南方蛮夷，"饮以曼陀罗酒，昏醉，尽杀之，凡数千人"。稍晚的北宋医学家窦材所著《扁鹊心书》则详细地记载了山茄花和火麻花制作而成的"睡圣散"的麻醉性，其中山茄花被一致认为是曼陀罗。自此以后，后世几乎所有著述中凡是提及曼陀罗都必言其麻醉的神奇功效，甚至《水浒传》中智取生辰纲时所用的蒙汗药也被认为是曼陀罗花的粉末所制。

直到南宋，周去非所著的《岭外代答》才第一次对曼陀罗的外貌进行了描述："广西曼陀罗花，遍生原野，大叶白花，结实如茄子，而遍生小刺，乃药人草也。"李时珍在《本草纲目》中的描写更加形象而细致："曼陀罗生北土，人家亦栽之。春生夏长，独茎直上，高四五尺，生不旁引，绿茎碧叶，叶如茄叶。八月开白花，凡六瓣，状如牵牛花而大，攒花中折，骈叶外包，而朝开夜合。结实圆而有丁拐，中有小子。"不同的是，前者为广西所产，遍布于荒野之中，后者则生于北方，在房前屋后常有栽培。

明朝王象晋的《二如亭群芳谱》中又将曼陀罗和山茶（*Camellia japonica*）联系在一起，书中记载："山茶，一名曼陀罗树。"或许那个时候确实有一部分地区将山茶称为曼陀罗树，又或许是一个美丽的误会造成的混淆。但这个说法却深深地影响着金庸武侠《天龙八部》中关于山茶的描述，王夫人那座满是山茶花的庄园就叫曼陀山庄，庄内庄外种满了茂盛烂漫的"曼陀罗花"。在道家传说中，也有传言北方曼陀罗星君因手持山茶花而仪态万千的说法。

后世的白云禅师在《妙法莲华经决疑》中解释道："云何曼陀罗华？白圆华，同如风茄花。云何曼珠沙华？赤团华。"但这个来自现代高僧的解释距离经文译成的时间实在太过遥远。"曼珠沙华"这种团状的红色花朵是彼岸花的说法则来自日本，在接受佛教的洗礼后，日本将这一意象在他们身边最常见的一种植物身上具体化了——开红花的石蒜（*Lycoris radiata*）。由于它长于夏日，秋天盛开，花叶不相见，犹如修佛成正果，智慧到彼岸，因此又叫彼岸花。与此相对应的，很多人就认为"曼陀罗华"是开白花的

曼陀罗花白色，花萼筒具五条明显突起的棱　　毛曼陀罗全体密被白色短柔毛，花萼筒圆柱状

石蒜。除此之外，还有人认为是豆科的刺桐（*Erythrina variegata*），因为 Mandarava 的本义就是刺桐，而茄科的曼陀罗梵语为 dhattūra，曼陀罗属的拉丁名 *Datura* 正由此而来。

现在我们终于知道，在中国野生的曼陀罗属植物一共有 3 种，分别为曼陀罗（*Datura stramonium*）、洋金花（*Datura metel*）和毛曼陀罗（*Datura innoxia*）。那么这诸多古籍中的曼陀罗指的又是哪一种植物呢？

同宗同支的它们在体态上非常相似，却也有所区别。曼陀罗植株光滑无毛，椭球形的果实表面密布坚硬的粗刺，它的踪迹遍布大江南北，但在

日本人认为"曼珠沙华"这种团状的红色花朵就是开红花的石蒜

北方更为多见；洋金花虽然植株也很光滑，但近球形的果实表面只有很短的粗刺，主要分布在南方，更适应热带和亚热带的气候；毛曼陀罗则是植株密被白色短柔毛，近球形的果实表面密生柔软的细针刺，主产北方地区。细看古人的文字，当时他们眼中的"曼陀罗"绝非现在的曼陀罗，因为曼陀罗常开淡紫色花，果实也是椭球形的。"大叶白花""结实圆而有丁拐"的"曼陀罗"指的应该是后面二者之一，我们可以大胆推测广西曼陀罗或许应是洋金花，而生于北土的曼陀罗可能为毛曼陀罗，它们作为药用植物的功效一直延续至今，这也是一个佐证。然而，李时珍所说的开花"凡六瓣"却令人有些迷惑，因为曼陀罗属植物开花都是五瓣，或许这仅仅是笔误吧！

洋金花——大叶白花的广西曼陀罗花

　　洋金花一名最早见于 1919 年刊行的《药味别名录》中，这本名录性质的书只简单记载了一个名称，指出它的别名为天茄花，并标注洋金花为外洋名，现在已经成为中药药店里的通行名称。由于产地来源的不同，洋金花又分为南洋金花和北洋金花，现代药学巨著《中华本草》中就收录了这两种植物，南洋金花也就是洋金花本种，或者叫作白花曼陀罗，北洋金花就是毛曼陀罗。作为中药材，前者主产南方而销往全国，后者主产于河北且自产自销。具有法律效力的权威著作《中华人民共和国药典》中则只收录了洋金花一种，现在用于镇咳止喘的药材主要就是来源于洋金花。

　　洋金花的花中含有莨菪烷型生物碱，其中最为著名的就是东莨菪碱，这种物质有麻醉、止痛和松弛肌肉的作用，它直接作用于中枢神经系统，

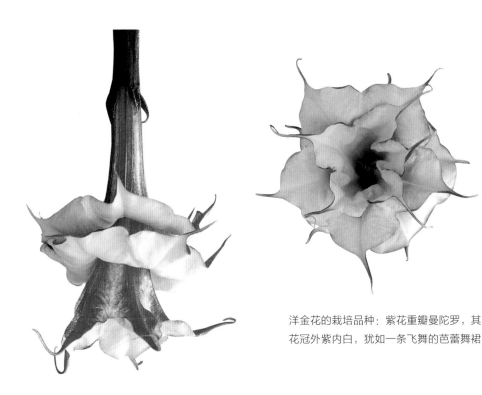

洋金花的栽培品种：紫花重瓣曼陀罗，其花冠外紫内白，犹如一条飞舞的芭蕾舞裙

抑制大脑皮层及皮层下某些部位的活动，从而使人意识模糊，产生麻醉效果。洋金花生物碱能迅速从消化道吸收，如果不小心误食，则可能会出现幻觉、中毒等病征，严重者可致命。因此，香港渔农自然护理署将洋金花列为"香港四大毒草"之一。尽管如此，还是有许多人家的庭院或宅旁都喜欢种植一两株洋金花，北方的人们还喜欢栽培毛曼陀罗。洋金花的观赏品种虽然不多，但也赢得了不少人的喜爱，经常栽培的品种有二重瓣或三重瓣的，叫作紫花重瓣曼陀罗（*Datura metel* 'Fastuosa'），花的表面及边缘为淡紫色，内层白色，犹如一条飞舞的芭蕾舞裙，迷幻而动人。或许《洛阳花木记》中记载的"千叶蔓陀罗花、重台蔓陀罗花"就是类似于这梦幻

紫的洋金花品种。

在印度和阿拉伯，洋金花早就被当成药材使用了，也常常用于神秘的宗教仪式中，是一种致幻剂，当地的古文献中也有一些洋金花的记载，以至于很多人都认为洋金花原产于阿拉伯或印度。但整个曼陀罗属植物实际上都起源于美洲，而且毛曼陀罗与洋金花的亲缘关系最近，前者很可能是后者的祖先，也就是说洋金花很可能是由原生于中南美洲的毛曼陀罗栽培驯化而成的[①]。曼陀罗在西方世界的用处和东方如出一辙，被视为一种能令人飘飘欲仙的"巫师草"，是可以让人感到精神解脱的曼陀罗汁，同样也是医师手里的麻醉剂。

曼陀罗属植物很可能也像牵牛一样，在哥伦布发现美洲大陆之前就已经通过鸟类携带或者其他尚未查明的途径进入了亚洲大陆，至少洋金花是如此，或许毛曼陀罗也是如此，而曼陀罗则可能是在大航海时代才姗姗来迟。从美洲到亚洲的道路充满了不确定因素，从印度或阿拉伯国家到中国

现在曼陀罗大都成为田边路旁的杂草

毛曼陀罗常见于黄河流域，点缀于荒地之上

① Luna-Cavazos M, Bye R, Jiao M. The origin of *Datura metel* (Solanaceae): genetic and phylogenetic evidence. Genetic resources and crop evolution, 2009, 56(2): 263-275.

洋金花遍生于岭南地区的原野

则似乎有迹可循。现在一般认为洋金花是在北宋年间通过陆路或更可能是海路传入中国。北宋时期的海上丝绸之路已经成为当时对外交流的新通道，因其以瓷器和香药贸易为主，又叫"陶瓷之路"或"香药之路"。当时在南洋和印度洋上往来通航的几乎都是宋船，洋金花很可能就是此时搭载着顺风船经南洋由两广地区来到了中国。

如今这三种曼陀罗属植物在更多的时候已然成为田边路旁的杂草，或者成为荒地的点缀，它们面目狰狞的果实、特殊的气味以及有毒的特性让人们退避三舍。洋金花和毛曼陀罗尚且有人愿意种植，曼陀罗的潜入则令人十分不快，它有毒的种子容易混入粮食当中，降低粮食品质，更因此也易随全球贸易传遍世界各地。曼陀罗扎根之后，具有强烈化感作用的植株常常导致棉花、大豆等作物减产，给美洲、欧洲和澳大利亚本就麻烦不断的农田又新增了一份不安。它们也因此毫无疑义地被列入了外来入侵植物名单当中，从而受到一定的管制。

这就是曼陀罗，它因自身生长所需而具有的多种生物碱遭受了种种非议，却也因此为许多人所利用。它是江湖恩怨中的毒酒，是拯救生命的麻醉剂，是令人适意的精神解药，同时也是农田的闯入者。

当我们走进寺院，大殿前方两侧的圆形水缸里总能见到圣洁的莲花盛开，寺庙中各式各样的莲花雕刻栩栩如生，在大雄宝殿之上，慈眉善目的佛祖端坐在莲花宝座上，莲眼低垂。莲花几乎成了"佛"的象征，是佛教场所中最常见的花卉，后来"摩诃曼陀罗华"专指白莲花。在荷花的周围，几株挂满祈福红绸的银杏古树高耸入云，旁边有时还会有几株石榴和山茶，在南方的寺庙里则常常可以望见高大的菩提树，或者满树红灿灿的刺桐，或者开满肉质白花的鸡蛋花，而洋金花和曼陀罗之类的高大草本绝对是极为罕见的。虽然我们仍然不清楚佛教的天花"曼陀罗华"是如何演变成有毒植物曼陀罗的，但我们知道它们同样都是梦幻而神秘且充满故事的传奇之花！

曼陀罗的果实成熟后会规则四裂，露出大量黑色种子

紫茉莉：在间巷草野之间绽放

　　紫茉莉（*Mirabilis jalapa*）在众多花卉中并不算十分出众，在园丁们看来，它多分枝的植株总显得有些杂乱而不易修整。倘若我拥有一个小花园，是绝对不会想到要为紫茉莉留一方田地的。所以它的生活圈通常只是围绕在花园的周围，或是躲在街边墙角处，有时也会潜伏在农田附近。清朝初年陈淏子在《花镜》中就很直白地说紫茉莉"清晨放花，午后即敛，其艳不久，而香亦不及茉莉，故不为世重"。但正是这生于乡野又离人不太远的紫红色小花才让人乐于亲近。人们不用刻意去栽培，只需春天在一块空地上撒上数十粒地雷模样的果实，到了夏天就能看到成片的红黄紫白交相辉映，不用过多打理，它们便能年复一年地开花结实，这种最适合散养的花卉属于典型的"懒人花"。

斜阳墙角疑铺锦，红黄紫白交相映。也助晚妆忙，风来冉冉香。

佳名偷末丽，野意饶媚娟。留得果盈盈，还将粉细匀。

这是清朝中期的词人叶申芗写于云南的《小庚词·菩萨蛮》，优美的笔调道出了紫茉莉的生境、花色、花期、花香、花趣和用途，将这"野意饶媚娟"的野花描绘得如此美丽动人。

当夕阳西下，墙角的紫茉莉才开始盛开，五彩缤纷的花朵犹如铺锦一般，送走了夏日的炎热。紫茉莉每一朵花的花期为2~3天，大部分花都集中在下午4点之后开放，直至第二天的10点左右花被才闭合。紫茉莉花开之期便是我们准备晚饭或洗澡之时了，因此它又叫"晚饭花"或"洗澡

紫茉莉的生活圈通常离人不远，有时会潜伏在农田附近

花"，看到晚饭花盛开，一天的酷暑也就过去了。紫茉莉的国际通用名则更加直接，叫作 Four o'clock flower，也就是"四点钟花"。细细品味，"晚饭花"一名也是那么富有诗意。汪曾祺先生在短篇小说《晚饭花》中写道："晚饭花开得很旺盛，它们使劲地往外开，发疯一样，喊叫着，把自己开在傍晚的空气里。浓绿的，多得不得了的绿叶子；殷红的，胭脂一样的，多得不得了的红花；非常热闹，但又很凄清。"紫茉莉盛放时花朵多到纷繁，在闾巷草野之间充满生机。

紫茉莉高脚碟状的花被具有一个细细的长管，六枚细长的花蕊从管内伸出，其中最长的一枚是雌蕊。晚风吹拂，阵阵清香飘起，这淡香连同花管深处的花蜜，对于昆虫来说具有无法拒绝的吸引力，但只有具长喙的蛾

当夕阳西下，墙角的紫茉莉才开始盛开

六枚细长的花蕊从紫色的花管内伸出，以迎接昆虫为之传粉

类才有能力吸食到它的花蜜，长喙天蛾就是其中之一。它们傍晚时分到夜间出来活动，与紫茉莉花开放的时间完美契合，天蛾得到花蜜的同时也帮助花儿授粉成功，传粉完成后花被也就闭合了，以避免雨水冲刷等外力对花蕊造成伤害，它们一同为一个月后的盈盈硕果做出了突出贡献。

除了晚饭花之外，紫茉莉还有许多形象而有趣的名称，如粉豆花、地雷花、夜娇娇、野丁香和指甲花等，这些名字就和花的颜色一样丰富多彩，同时也反映了花与人之间亲密的关系。紫茉莉一名最早见于明代陈继儒手订的《重订增补陶朱公致富全书》卷二《花部》："紫茉莉，一名状元红。春间下子，花紫叶繁，早开午收。"此书为陈继儒假托陶朱公之名于明朝末年手订而成，具体成书年代不详。康熙初年汪灏等编的《广群芳谱》中也有记载："紫茉莉，草本。春间下子，早开午收。一名胭脂花，可以点唇。子有白粉，可傅面。"此后，状元红和胭脂花这两个稍具格调的名称与花可

紫茉莉的果实球形，黑色且表面具皱纹，形似地雷，植物学上叫作"瘦果状掺花果"，因为黑色的"果壳"是由花被筒发育而来

点唇、子可敷面的用途一道流传开来。

起初，以紫茉莉果实所制的粉敷面的用法只出现在宫廷之中。相传崇祯皇帝不喜宫中女子以铅粉涂面，于是紫茉莉粉便成了替代物，用后同样面色如玉，也不至于为有毒的铅粉所害，因而最得宠爱，后世女子也纷纷仿效。在曹雪芹笔下，紫茉莉粉也是比铅粉强百倍的上佳美容材料，"平儿倒在掌上看时，果见轻白红香，四样俱美，摊在面上也容易匀净，且能润泽肌肤，不似别的粉青重涩滞"。这富含淀粉的果实经碾碎并与香料调和之

后，就成了平儿理妆时敷脸用的白粉。

紫茉莉在美洲大陆和欧洲也有悠久的栽培历史，但跟其他珍奇花卉相比，它只是一种很平凡的观赏植物而已，当地人对它的利用程度更是远远不及中国人民。紫茉莉原产于美洲热带地区，首先由墨西哥的土著阿兹特克人（Aztec）栽培，长久以来，它都只是在美洲大陆上繁衍生息，直到一位意大利探险家远渡重洋抵达巴哈马之后，一切都发生了改变。1492 年 10 月，哥伦布率领的船队抱着登陆亚洲的初衷鬼使神差地发现了美洲大陆，将这个新世界介绍给了世人后追随者络绎不绝，开启了一场轰轰烈烈的大航海活动，也开启了物种跨洋交流的新纪元，意义之重大，不亚于曾经存在过的白令陆桥。借此机遇，来自美洲的马铃薯、玉米、辣椒、番茄、向日葵、番薯、烟草等重要作物传播至世界各大洲，养育着全世界的人民，自然也少不了像紫茉莉一样让人喜爱的花卉。

据西方学者考证，紫茉莉于 16 世纪自秘鲁输入欧洲，在林奈于 1753 年对其进行命名之前，它在欧洲的栽培历史已有 200 多年[①]。不知出于何种原因，欧洲人称它作 Marvel of Peru，即"秘鲁奇迹"。1531 年，西班牙殖民者踏入了印加文明的发祥地秘鲁，短短三年时间印加帝国就覆灭了。1533 年，秘鲁沦为西班牙殖民地，印加文明自此沉寂，而"秘鲁奇迹"却随殖民者们远航。紫茉莉最初被作为观赏植物栽培于西班牙，随后又搭乘航船传入了非洲和亚洲。至 19 世纪末，一些世界一流植物园的种子交换名单中仍然保留着它的名字。

明朝末年，紫茉莉作为观赏植物由东南亚经南部沿海地区传入中国。

---

① Le Duc. A revision of *Mirabilis* section *Mirabilis* (Nyctaginaceae). SIDA, Contributions to Botany, 1995, 16(4): 613-648.

其实关于紫茉莉传入中国的时间大致有两种说法，都有古籍记载。一是明朝初年兰茂所著的《滇南本草》："苦丁香，即野丁香，花开五色。"二是《广群芳谱》中引用的明代高濂所著的《草花谱》中的内容。很显然，紫茉莉在欧洲人到达美洲之前就传播至亚洲的可能性极低，更何况将苦丁香考证为紫茉莉也缺乏确凿证据。故《草花谱》之说很可疑，对此欧贻宏先生曾有详细论述，查阅高濂所著的《草花谱》和《遵生八笺》中均无"紫茉莉"或"胭脂花"的记载，并直言"未知《广群芳谱》所引何据？"[①]。所以紫茉莉传入中国的时间，还要往后推到葡萄牙人抵达东南亚并且与中国开始通商之后。1521 年，大航海家斐迪南·麦哲伦（Ferdinand Magellan）到达菲律宾，同年中葡之间爆发"屯门之战"；1554 年，明朝政府批准葡萄牙人在广东沿海进行贸易，紫茉莉或许就是在这个纷扰不断的窗口期随之进入中国。

根据清吴其濬所著的《植物实名图考》的记载，紫茉莉在清朝就已经"处处有之"了，并且"极易繁衍"。保障自身的成功繁衍是每一种生物的本能，在生长无虞的同时还能够拓展领地，这需要一些偶然的机遇。目前紫茉莉已经遍及世界热带至温带地区，并且在一些国家成为具有入侵性的杂草。紫茉莉的种子产量可达到每株上千粒，成熟的种子能够通过短暂的休眠度过寒冬，在来年找准时机，就可以大批量萌发。即使"枝叶披纷"的植株经不住霜冻的考验，其藏于地下粗壮的根系也能够顺利躲过严寒，在条件适宜时萌发新芽。不仅如此，这倒圆锥形的根还能够向土壤中分泌化学物质，改变土壤微生物群落结构和养分平衡，形成有利于自身生长的微环境，抑制其他植物的生长，这种损人利己的本领叫作化感作用。有时

---

① 欧贻宏 . 紫茉莉考略 . 古今农业，1993，3：71-73.

紫茉莉的花色受不完全显性基因的控制，可以随意变换颜色

一些不法商人会将这硕大的有毒根系冒充天麻或人参售卖。

紫茉莉是一个形态上高度变异的物种，其变异之处在叶色，德国植物学家卡尔·科伦斯（Carl Correns）曾由此发现了不同于经典的孟德尔遗传规律的细胞质遗传现象；更在花色，在不完全显性基因控制下的花色遗传使它可以随意变换花被的颜色：红色、黄色、橙色、紫色、白色，或由多种色彩组成的镶嵌色、条纹色和洒锦色，以至于在早期它存在许多的异名。

紫茉莉家族的成员并不算多，除了山紫茉莉（*Mirabilis himalaica*）分布于喜马拉雅地区之外，几乎全部都源自美洲，其中紫茉莉的分布区域和栽培范围最为广泛，或许姹紫嫣红是全世界人民都喜爱的色彩。紫茉莉家族中另一种美洲植物叶子花（*Bougainvillea spectabilis*）同样缤纷多彩，它五彩的苞片在世界热带和亚热带地区肆意"绽放"，但也需小心叶子花尚未丢失的攀爬能力，有时会给周围的树木带来巨大的负担。

叶子花的苞片缤纷多彩，
是南方花园里的常客

从美洲大陆到欧亚大陆，从乡野之花到入侵植物，紫茉莉就像它的许多名字一样，经历了种种角色转换，人们在利用它的同时也在防范着它，生怕它生长得太过疯狂。我还依稀记得家乡路边拐角处迎着暮光绽放的紫茉莉，一朵朵红艳艳的"小号"送别了晚霞，在模糊暗淡的暮色中好像指引着我回家的路，又似在演奏一首淡淡的小夜曲。女孩们都喜欢将花朵摘下，掰掉底部绿色的总苞，露出藏在里面的小珠子，拽着小珠子往外轻轻一拉，然后把小珠子塞进耳朵里当耳坠。男孩们会在花与叶之间翻找黑色的"小地雷"，拿在手里搓来搓去，和伙伴们追逐嬉戏，或者顺手扔在路边，期待着明年再开出一路的晚饭花。从初夏到深秋，洗尽铅华的紫茉莉和星空明月共享宁静，与飞蛾同享花香，这是它的生存智慧。

穿行在美国西南部索诺拉沙漠（The Sonoran Desert）的边缘，贫瘠的土地上满是沙尘和砾石，却并不荒凉。公路的两边稀疏地生长着北美洲特有的福桂树（*Fouquieria splendens*），一丛丛长满小绿叶的肉质化的茎张牙舞爪地伸向天空，在雨季开满鲜红色花朵。离福桂树不远处是浑身布满利刺的泰迪熊仙人掌（*Cylindropuntia bigelovii*），它通过身上不断掉落的熊掌般的茎节繁殖。荒漠深处还有许多圆柱掌属的植物，以及我们只有在温室里才能见到的金赤龙（*Ferocactus wislizeni*）。其中令人印象最为深刻的是如巨人般高大的巨人柱（*Carnegiea gigantea*）和随处可见的仙人掌属植物，它们仪容庄严，从容不迫，在利刺之中开出美丽的花朵，让人无比喜爱又望而生畏。这里是仙人掌科植物的地盘，即使是福桂树科的福桂树也被称为"马鞭仙人掌"。

美国巨人柱国家公园，高大的巨人柱和密集的仙人掌属植物随处可见

对于植物来说，在荒漠中生长是充满挑战的，它们需要克服土壤的贫瘠、昼夜巨大的温差和水分的极度匮乏。面对如此恶劣的环境，不同的植物有着各自有效的应对方法，除了将根系深入土壤、将叶片退化到最小、开出最艳丽的花朵之外，仙人掌科植物还将自己的躯体肉质化。一切的努力都是为了在干旱时最大限度减少水分蒸发，在雨季时尽可能多地储存水分以备不时之需，在合适的时机吸引传粉者助自己传宗接代。仙人掌放弃了叶片，取而代之的是各式各样的棘刺，光合作用的场所也因此转移到了绿色、肉质而膨大的茎上，有的植物如金赤龙直接将自身变成近球形，因为在相同的体积下球形的表面积是最小的，在提高储水能力的同时还有效

地防止水分过度流失。它们还拥有靠近地表的浅根系统，能够保证即使在降雨量比较小时也能及时充分吸收水分。

仙人掌科植物的花色彩艳丽，极具异域风情，几乎所有种类的花朵都达到了观赏植物的水准。肉质多汁的茎节上开出大而美艳的花，是为了吸引蝙蝠、鸟类和昆虫为之传粉，当传粉者触及花朵中心时，众多的雄蕊会轻微转动以帮助花粉更好地传播，最终在枝头结出同样肉质多汁的浆果。这些浆果让生活在荒漠中的动物垂涎欲滴，作为回报，动物们携带着仙人掌的种子四处传播。仙人掌科植物仰仗着自身过硬的本领在荒漠中延续种族，却也为日后它们在澳大利亚以及世界其他类似生境中大肆泛滥埋下了伏笔。讽刺的是，在仙人掌科植物的原产地，"肉质化"这种最为有趣的应对方式却给它们带来了无妄之灾，多肉植物爱好者们组织的商业化采集已经将很多物种逼入了灭绝的边缘。

墨西哥是仙人掌的故乡，在墨西哥国旗正中间的白色区域，有一个醒目的图案，一只展翅的金雕口衔一条蛇傲立于仙人掌上。在那里流传着一个家喻户晓的故事，传说阿兹特克人在其信奉的战神指引下迁移，当看到一只金雕在仙人掌上啄食一条蛇时，就在那个地方定居下来，于是他们建立了城市，后来成为墨西哥城。仙人掌在墨西哥有着悠久的栽培和利用历史，仙人掌的形象经常出现在古代阿兹特克人的雕塑和绘画中，它不仅仅是蔬菜、水果和药物，也是一种图腾，与其国家的起源和民族的历史密不可分。他们信奉这种"荒漠英雄花"，哪里有仙人掌，哪里就能生存！

1521 年，墨西哥城被西班牙人占领，此后逐渐沦为了西班牙殖民地。16 世纪初，多种仙人掌被首次带往欧洲，它们被作为观赏植物种植，并作为稀有物种被高价售卖，之后毫无意外地随着远航的帆船传播至各大洲。明末学者刘文徵于 1625 年所著的《滇志》是记载仙人掌属植物最早的中文文献："仙人掌肥厚多刺，相接成枝，花名玉英，色红黄，实如小瓜，可食。"从红黄色的花和小瓜般的果实可知这应为原产于南美洲的单刺仙人掌（*Opuntia monacantha*），可能由南海登陆东南亚之后传入云南。这种高大的树状仙人掌具有一根粗壮的圆柱状树干，每个小窠内有 1~3 枚白色的针状刺。单刺仙人掌树形优美大气，经常作为庭院树种栽培，除了云南和华南以外，东南沿海地区也时常能见到两三株高大的"仙人树"耸立在人家的院落旁，但它在野外却极为少见。

同样是明朝末年，原产于墨西哥的梨果仙人掌（*Opuntia ficus-indica*）传入中国，但关于这个种的记载却较为模糊，其传播方式和路径可能和单刺仙人掌相同，也可能于 1645 年由荷兰人携带至台湾，还可能在稍早的几十年内由葡萄牙人带入华南。若考虑到现今梨果仙人掌主要分布于云南的事实，那么梨果仙人掌经东南亚进入云南的可能性最大。

经过长期的选择与驯化，仙人掌体内一些对人类有用的性状和物质得到了改善和提升，人们从中看到了一定的商业价值，如今仙人掌的栽培已经规模化和标准化。其中栽培最为广泛的当属梨果仙人掌，它是墨西哥中南部具肉质浆果的树状仙人掌的近亲，驯化中心在墨西哥中部，最初人们栽培的可能是无刺的类型，随

高大的树状单刺仙人掌经常作为庭院树种栽培

着大范围的传播和长时间的归化，梨果仙人掌通过基因重组和自然选择逐渐回归至有刺的状态，这样可以避免或者减少动物的啃食①。现在家养的、规模化种植的、野生的和栽培于观赏温室的梨果仙人掌在外貌上体态各异，甚至连染色体和在遗传上比较稳定的叶绿体基因都相差甚远，这是长期栽培驯化、地理隔离和自然杂交导致的结果，曾经给植物学家造成了很多关于分类的麻烦，却给育种家带来了无尽的可能。

单刺仙人掌的花被片黄色，最外轮略带红色，花丝为淡绿色

　　目前人们已经自梨果仙人掌培育出许多品种，它们的主要用途是作为食物，特别是为了获取那酸甜多汁的果实和清香素雅的掌片，其果实被形象地称为"印第安无花果"或者"刺梨"，我们则叫它作"仙桃"，其嫩芽和削去绿皮的掌片可煮食或作凉拌菜食用，在云南就可以品尝到这种极具异域风味的食物。仙人掌果实在美国西南部和墨西哥的餐馆及杂货店中随处可见，墨西哥人常用它做果酱，或者蘸着辣椒面等蘸料食用，在当地极受欢迎。21世纪初，墨西哥仙人掌果的年均产业价值约1.5亿美元，在地中海地区、澳大利亚和亚洲部分地区也有较大规模的商业种植。

———————

① Griffith, M P. The origins of an important cactus crop, *Opuntia ficus-indica* (Cactaceae): new molecular evidence. American Journal of Botany, 2004, 91(11): 1915-1921.

在中国西南的干热河谷地带，梨果仙人掌逐渐成为主角

　　1997 年，中国农业部从墨西哥引进了梨果仙人掌的品种"米邦塔"（*Opuntia* Milpa Alta）这一优质种质资源，并在西南地区进行了大范围的栽培、示范及推广。"米邦塔"是以食用为主、具有多种用途的品种，在墨西哥经过多年选育而成。其茎节扁平，具少许软刺，浆果硕大多汁。2012 年，卫生部发布第 19 号公告，批准公布"米邦塔"品种为普通食品，这也是我国唯一通过农业部评审的食用型仙人掌。遗憾的是，中国的食客似乎对"仙桃"并没有表现出太大的兴趣。由于这种果实在风味上甜度较低而且偏酸，国人在食用方式上也与墨西哥人迥异，常具小刺的果实表面更很难让人亲近，所以大多数人仅仅是出于好奇，仙人掌果在中国市场的命运像是

早已注定，这种浆果不可能成为像同样来自美洲的核果——车厘子一样风靡全国。作为蔬菜食用的掌片也面临同样的困境，只在种植它的地区小范围流行。

在中国西南的干热河谷地带，梨果仙人掌成为主角，这里的气候和土壤与它们的家乡相似，因此很快就形成了绵延数百公里的优势群落。它们肥厚的身躯镶嵌在河谷山坡的灌木丛或稀疏的林下，红色的浆果和宽大厚实的掌片格外显眼，再加上数量颇多的来自北美洲的龙舌兰（*Agave americana*）点缀其中，深入内陆地区的西南山区看起来竟有一股美洲风情。

清朝初年，原产于加勒比海地区的仙人掌（*Opuntia dillenii*）自闽越传入中国。《花镜》中记载："仙人掌出自闽粤，非草非木，亦非果蔬，无枝无叶……"。清代吴震方于 1702 年著的《岭南杂记》中记载："仙人掌无叶，枝青嫩而扁厚有刺，每层有数枝，权桠而生，绝无可观。"同时记下了仙人掌在岭南的遭遇："人家种于田畔，以止牛践；种于墙头，亦辟火灾。"可见彼时人们种植仙人掌的目的并非观赏，而是作为围篱或防火之用，这种用

来自北美洲的龙舌兰点缀于西南地区的山坡上　　在海南摊贩上售卖的仙人掌果实

处至今仍在延续。至于仙人掌的药用价值则最早见于清代赵学敏于 1765 年所著的《本草纲目拾遗》中，言其有行气活血、清热解毒、消肿止痛、健脾止泻、安神利尿的功效。

沿海的砾石山坡和沙地是仙人掌喜爱的生境，钻形的黄色长刺是它区别于其他仙人掌属植物的典型特征。它的刺扎满了山坡，跨越了漫长的海岸线，从广西、海南直到浙江南部，还有在台湾被晚风轻拂的澎湖湾。在海南摊贩上经常可以见到仙人掌的果实在售卖，有时在仙人掌灌丛旁的石墙上还攀爬着几株从种植园中逃逸的量天尺（*Selenicereus undatus*），这种果实被称为火龙果的植物同样来自美洲，它们在华南温暖湿润的气候下如鱼得水。在北方的农村，一个用废的搪瓷脸盆就可以成为仙人掌的家。错落有致的仙人掌搭配着红白底色的搪瓷盆，被随意地安放在向阳的旧墙头上，它们迎着朝阳自在生长，倏忽之间便被人遗忘，等再次被注意到时，小小的仙人掌早已爆满了整个搪瓷盆。嫩嫩的枝刺在阳光的照射下倔强地闪着亮光，只要给足适宜的生长空间，绝对会被它坚韧的生命力所震撼。

世界自然保护联盟（IUCN）的入侵生物专家组在 2000 年将另一种仙人

仙人掌钻形的黄色长刺是其区别于其他同属植物的典型特征

仙人掌在沿海砾石山坡和沙地上的不断蔓延：成了一个非常严重的问题

掌——缩刺仙人掌（*Opuntia stricta*）——列为"世界 100 种恶性外来入侵生物"之一[①]。缩刺仙人掌和仙人掌之间的关系纠缠不清，就如同它们之间极为相似的外貌一样难以分辨。在非洲和澳大利亚的干旱与半干旱地区，缩刺仙人掌的蔓延成为一个非常严重的问题，它们挤占本土物种的空间、影响野生动物的取食和生存、干扰当地的畜牧业发展，甚至侵入农田和林地，造成的灾难性后果让引入者以及种植者都始料未及。澳大利亚的媒体用"仙人掌在扩散，恐惧在蔓延"来形容当时的情景。为此，政府还发起了"伟大的仙人掌战争"，但用尽一切手段依然收效甚微。最终，来自阿根廷的一种小飞蛾——仙人掌螟（*Cactoblastis cactorum*）成为"救世主"。它是众多仙人掌的天敌，能够有效控制仙人掌的扩张，这个"以蛾克掌"的案例也因此成了生物防治的成功范例之一。

今天，仙人掌科植物的引种栽培仍然是一股潮流，我国引进的种类约600~700 种，占整个仙人掌科物种数的 1/3，大部分都集中于各地的植物园之中，在展览温室内向万千游客们亮相。但我们永远都不能低估仙人掌的能力，稍有疏忽它们就会从化盆中逃离。

在苯胺染料发明以前，原产于墨西哥的胭脂掌（*Opuntia cochenillifera*）曾被大量栽培用以放养胭脂虫，从而生产天然染料，这项事业曾盛行一时，胭脂掌也趁机逃到了野外，幸好在中国只是偶尔逸生于南方。21 世纪，一种原产于北美洲的低矮仙人掌从私人花园中逃到了野外，在山东沂蒙山区的砾石山坡上匍匐生长，这种极度耐寒的植物叫作匍地仙人掌（*Opuntia humifusa*），多肉植物爱好者往往把它叫作"圆武扇"或"无敌团扇"。它

---

① Lowe S, Browne M, Boudjelas S, et al. 100 of the World's Worst Invasive Alien Species. A selection from the Global Invasive Species Database. Invasive Species Specialist Group (ISSG), 2000: 12 pp.

耐寒的匍地仙人掌在山东沂蒙山区的砾石山坡上匍匐生长

没有长的针状刺，但有许多令人讨厌的麦秆色短芒刺，黄色的花冠在五六月间开满山坡，容易被误以为是用以荒坡绿化的有意种植。匍地仙人掌惊人的繁殖力尤其需要警惕，然而在它的家乡美国东南部，由于受到专业人员及植物爱好者的过度采集，它的种群不断缩小，已处于濒危状态①。

　　在人类活动的影响下，同一种植物在不同的地点处于截然不同的两种命运之中，从花园里的宠物到荒漠中的战士也只需几个不经意的机遇，这种现象值得所有人去关注与审视。

---

① Goettsch B, Hilton-Taylor C, Cruz-Piñón G, et al. High proportion of cactus species threatened with extinction. Nature Plants, 2015, 1: 15142.

含羞草：草中精灵的放逐之旅

在植物世界里，有一群奇花异草令人无比着迷，它们的生活充满创造力和活力，其行为方式打破了人们对于植物的刻板印象。为了应对不同环境的挑战，无法自由移动的植物发展出了精妙复杂的策略以维持自身种族的延续，在看似悄无声息的生长背后，是丝毫不亚于动物们弱肉强食和人类烽火硝烟的生存斗争。

茅膏菜（*Drosera peltata*）的叶子表面布满了长长的腺毛，会分泌出似露珠般晶莹的黏液，只待像苍蝇一样的小型昆虫掉入它的"魔爪"；捕蝇草（*Dionaea muscipula*）一左一右对称的叶片所形成的捕虫器则像张开的血盆大口，当昆虫降落并两次触碰口中的触毛后，捕虫器便迅速闭合，这种运动机制异常复杂，就像一个精密的编程式动作。无论是被粘住还是被关禁闭，昆虫最终的命运都只能是被消化吸收。这类植物大多生长在

光萼茅膏菜的叶子表面布满了长长的腺毛

营养贫乏的瘠薄土壤中，通过设置陷阱并适时抓捕小型昆虫来获取生长所需的营养物质，但能够这样主动出击的植物毕竟是少数。还有一类植物的运动则是为了躲避昆虫和动物的啃咬，舞草（*Codariocalyx motorius*）的"舞蹈"就是其中之一，含羞草（*Mimosa pudica*）的"害羞"也是如此，这种被动的运动更多地存在于豆科植物中，比如我们喜爱的行道树合欢（*Albizia julibrissin*）、夏季在南方山坡上开满白花的光荚含羞草（*Mimosa bimucronata*）等等，只不过它们的灵敏度都远不及含羞草。

含羞草的羽状复叶和每个小叶片叶柄的基部都有一个特殊的膨大结构，叫作叶枕，里面充满着具有许多细胞间隙的薄壁组织。含羞草对外界环境

含羞草的羽状复叶和每个小叶片的基部都有一个红色的叶枕

刺激的反应最为敏感，当我们用手触摸羽片最顶端的叶子时，它可以迅速将这种刺激转化成电流信号，进而触发细胞内钾离子的流失，于是叶枕中的水分由溶液浓度较低的薄壁细胞流向了浓度较高的细胞间隙中，失水使得细胞的膨压降低，最终细胞失去了支撑，叶片便迅速合拢了。更神奇的是，这个动作可以从最顶端的小叶片依次传导到最底端，每一对叶片就像各自接到了一个延时的指令，整齐划一地依次向中间靠拢。这个紧张刺激的过程大概只持续 2~3 秒钟，恢复的时间却需要 10~15 分钟，待叶片内的薄壁细胞重新充满水分，整个羽片才又恢复原貌。

因此，叶枕就像一个微型的水泵，而薄壁细胞就是一个充水的气球，通过调节水分的平衡可以轻而易举地控制叶片的运动。这对含羞草来说意义重大，它可以通过这个技能感知周围一切细微的刺激，包括狂风暴雨、食草动物的取食、啃咬以及周围的震动，一有风吹草动，它的叶子便会朝着叶柄的基部合拢，就像一条受到了惊吓的蜈蚣，迅速蜷缩着身子保护自己免遭伤害。在之后的一段时间内，无论怎么打扰它也不再会做出任何反应，这就是所谓的"疲劳期"，只有当昆虫走远、风止雨停之后，它们才会重新张开叶片去享受阳光。

　　大自然是残酷的，生活在其中的植物不可能只把希望寄托在未知的仁慈上，它们在漫长的演化之路上不断地在做好面对各种挑战的准备，未雨绸缪才能应对自如。含羞草这种非同寻常的行为就是对大自然的回应，在它的故乡——美洲加勒比地区，这种行为被称为"假死"，希伯来语则把

含羞草的茎上具散生钩刺及密集的绒毛

含羞草叫作"别碰我"草，这也彰显了含羞草强大的求生欲。这种自我防护的行为在人们的眼中和可爱、萌宠、害羞等词汇联系在了一起，"草中精灵"就是对它最高的赞美！

含羞草有很多有趣的别名，比如知羞草、感应草、怕丑草、肉麻草等等，它叫"草"，却呈灌木状，茎上长着稀疏的小匕首般的钩刺和细细的绒毛。它那翠绿的会"害羞"的长圆形小叶片看起来很薄、很密，就像鸟的羽毛一样整整齐齐排列在叶轴上。夏日逐渐升高的气温触发了花芽的萌动，含苞待放的花蕾几乎是在一夜之间从羽状复叶的腋下抽出，长长的花序梗将它顶出了叶丛，再经过几个阳光明媚的温暖日子，一团团粉红色的、绒球似的花就在盛夏中绽放开了，远远看去一派花团锦簇。

夏末，随着"花团"的凋落，藏在花朵之下幼嫩的果实露出来了，当夏日的炎热退去，它们长成了周围满是刺毛的荚果。又过了数月，翠绿的荚果变成了代表秋天的枯黄色，周围的刺毛也变得越发坚硬，它们或许已经感知到离开的日子接近了。成熟的荚果遇到风吹草动时便逐节脱落，刺毛可以帮助它们悄无声息地搭上去往远处的交通工具——活动在含羞草周围的动物们，有时也会挂在人们的衣裤上。象征着希望的种子藏在荚果里面，将自己家族的基因带去远方，来年春天在新的地点萌发出新生命。

在美洲热带地区，生于原野之中的含羞草起初并没有引起人们太多注意，它们混生于其他灌丛中，或者独自占据着一小块荒地，有时也会赫然出现在一片疏于管理的农田里。如果没有能够跨洋远航的帆船，它们可能永远都不会走出美洲大陆。直到有一天，欧洲人的登陆打破了这里原有的秩序，在他们探险与征服的路上，敏感的含羞草也是见证者之一。对于首次踏足热带美洲的欧洲人来说，这触碰间的灵动极具吸引力，好似头一次见到域外来客时的惶恐与娇羞。抱着猎奇的心态，他们将含羞草带出了美

夏季来临，那一团团粉红色的、绒球
似的含羞草花开始绽放

花团锦簇之后，它们变成周围
长满刺毛的荚果

翠绿的荚果变成了枯黄色

成熟的荚果

洲，带到了他们那些位于世界热带地区的殖民地和他们曾经登陆过的岛屿上，当然也带到了欧洲的花园和温室里。

含羞草在亚洲的传播要归功于耶稣会的传教士，他们在传教布道的同时也传播了许多异域植物，有时这些植物还有助于他们在当地的行动。清朝乾隆年间，法国传教士汤执中被派往中国，除了传教之外，他还要为巴黎皇家植物园园长裕苏搜集中国的植物。他想通过进献西方的奇花异草来博取乾隆皇帝对其的好感，会动的含羞草成了最佳的选择，他极具耐心地培育了两株开着粉色绒球花的盆栽，并适时献了上去。含羞草"以手抚则眠，逾刻而起"，闭合的叶子就像是在对皇帝表示敬意，于是汤执中才有了走进皇家园林的机会，还可以在北京周边的山里随便转悠。出于对这种神草的惊叹和喜爱之情，乾隆让意大利传教士兼宫廷画家郎世宁为含羞草作了一幅《海西知时草图》，"海西"是清宫中对欧洲的习惯称谓，这幅画现藏于台北故宫博物院。画中含羞草被种植在长方形的青花白瓷盆中，主干弯曲而粗壮，"历夏秋而荣"，右上角有乾隆御笔题跋，他将此草称为"知时草"，又称为"僧息底斡"，后者是意大利语 Sensitivo 的音译，为"敏感"之意。

由于寒冷气候的限制，这种热带植物在欧洲和中国北方地区并不容易养活，因此郎世宁建议乾隆"知时草盆景须用玻璃罩"，以营造一个适合它生存的小暖箱度过冬季。直到 1777 年，野生的含羞草才第一次被记录下来。广东学政李调元在《南越笔记》中写道："叶似豆瓣相向，人以口吹之，其叶自合，名知羞草。此草生于两粤，今好事者携至中原，种之皆生，秋开花，茸茸成团。"可见当时两广地区的人们在路边就已经能见到这种"大声呵喝，即时俯伏"的神草了，或许在他们的眼里含羞草已不再是"草木中之灵异者"，那多刺的植株在温暖湿润的南方长得十分狂野，它就像是卸下了伪装，摘掉了娇羞的面具，将自己放逐在天涯海角，因为它刻在基因里的本领足以让它无惧风雨。

其实在含羞草离开家乡踏上热带亚洲的土地之后不久，它的入侵态势就已展露无遗，很快就成为一种猖獗的杂草。它们几乎没有天敌，主要攻击热带地区的农田、果园以及牧场，割草机对它们也无可奈何，多刺又散乱的植株对于手工除草而言是一个巨大的挑战，当它们的地上部分枯死后还容易引发火灾。不仅如此，由于体内含有含羞草素，当反刍动物不慎取食后，在其瘤胃内会转变为一种毒性化合物，严重干扰甲状腺功能，导致毛发脱落和其他毒害，在两广地区就曾频繁发生过牛误食而中毒的事件。而这些中毒事件的罪魁祸首还不止含羞草，它的另外两个亲戚也参与到了其中——巴西含羞草（*Mimosa diplotricha*）和无刺巴西含羞草（*Mimosa diplotricha* var. *inermis*），后者由于无刺，耕牛们咀嚼起来毫无阻碍，使得无刺巴西含羞草成为后来中毒事件的主因。

为了应对其他植物的竞争，含羞草在漫长的演化过程中发展出了一项特殊的技能——"放臭屁"。这是植物化感作用的另一种特殊表现形式，当其根部周围的土壤掉落或根部被触碰时，就会释放出一系列的含硫化合物，

无刺巴西含羞草（左）茎无刺而便于咀嚼，成为后来牛羊中毒事件的主因，中毒事件的另一个罪魁祸首则是茎具倒钩刺的巴西含羞草（右）

这些化合物难以捉摸且高度不稳定[①]。这是一种有趣的反应，当对根部的扰动增加时，研究人员检测到这些气体沿着生长在根部的微小囊状凸起中释放出来，随之而来的就是一股臭气，他们认为这是含羞草的一种防御机制，但针对的并不是捕食者，而是用来抵御其他植物的根侵犯自己的领土。

　　含羞草在整个热带地区都被视为"恶性杂草"，这是预料之中的结果，即使在它的故乡，由于种植业的发展以及生境的破坏，"含羞草问题"也一直令人头疼不已。它们肆无忌惮地生长在这些地区的农田牧场、路边草地以及各类种植园中，造成水稻、甘蔗、大豆、咖啡、木薯等减产明显，对由此带来的经济损失进行统计已经成为东南亚各国农业工作者的日常事务。经过多年的相处与较量，人们已经掌握了它的入侵密码，似乎也已经寻找到了解决的办法，一系列防控措施的制定与实施确实略有成效，但我们的努力仍不足以彻底消除它所带来的负面效应。

含羞草在花卉市场里以每盆 10 元的价格出售，由于种植业的发展以及生境的破坏，"含羞草问题"一直令人头疼不已

① Musah R A, Lesiak A D, Maron M J, et al. Mechanosensitivity below ground: Touch-sensitive smell-producing roots in the shy plant *Mimosa pudica*. Plant physiology, 2016, 170(2): 1075-1089.

随着全球气候的变化和植物自身适应能力的增强，含羞草已经跨越了北回归线，并继续向北推进了 100 多公里。令人心安的是，生长在温带地区的含羞草依旧保持着矜持的模样，北方的人们仍然会对这草中精灵投以惊叹的目光，想在自己的窗台上也种上一株"知羞草"，闲暇之余还可以享受一份来自美洲的敬意，但我们不能忽视它不断向北拓展的潜力。盛夏时分，行走在皖南乡村时经常能够偶遇貌似野生的含羞草，它们其实都是从花园或者盆栽中逃逸的越冬困难户，虽然目前无法度过寒冬，但谁又能预测未来呢？"草木无知，观此莫测"，在引进之初它的灵动已广为人知，但人们却未曾预测到它后来的历程。对于新生事物，我们在好奇心之外本应该保持审慎的态度，因为我们不知道的远比知道的多。

番杏：漂洋过海来相见

　　番杏（*Tetragonia tetragonoides*）是一种与海洋紧密相连的植物，它向海而生，每天舒展着三角形的嫩叶迎接清晨的第一缕阳光。番杏的叶子绿油油的，上面布满了银白色的粉状结晶体，透过阳光显得闪闪发亮，犹如覆盖着一层细小的水滴，雨后初晴时，海滩上挂着雨珠的片片绿叶愈发青翠欲滴。番杏胖乎乎的叶子通过肥厚的叶柄连接着肉质的茎干，在顶端持续更新的幼芽的带领下，沿着沙地匍匐前行。它善于稳扎稳打，将主根系深深地扎入沙土中，以此为原点向四周蔓延，深入土层的根系可以支撑起它不断庞大的身躯，同时也是为了适应贫瘠的土壤，抵御潮水的冲击。

　　在海南和台湾的海边沙地上，人们常可以看到成群的番杏团簇在木麻黄树林的边缘，或者分别占据几块开阔的空地，像在沙滩上随机铺设的一块块绿毯。晚秋至早春期间，当气温由高入低，黄绿色的花朵就会在叶腋

番杏绿油油的叶子上布满了银白色的粉状结晶体

处开放，但这些花朵没有花瓣，钟形的花萼分裂成四片，每个裂片就像肥厚的舌头一样包裹着里面的花蕊。黄花盛开后不久便能结出一颗颗陀螺状的果实，顶端还有四五个角，熟透之后异常得坚硬并且会木栓化，保护着里面七八粒像耳朵一样的油光发亮的种子，同时也最大限度地降低了自身的密度。内部充满空腔的果实可以很轻易随着潮涨潮落卷入大海，一段种子的旅程就此开始，它们可能会迷失在蓝色的海洋中，也可能在洋流的裹挟下漂泊数月之后抵达另一片海滩。少数幸运的种子遇到湿润的沙地后能很快萌发，于是一块块新的绿毯诞生了。

　　这就是番杏的生命史，生命的秘诀在于不停地奔跑，而那颗陀螺形的果实就是它奔跑的双脚。这就像是一场豪赌，为了开疆拓土，番杏把所有

番杏的钟形花萼为黄绿色，每个裂片都像舌头一样肥厚

的赌注都压在了种子身上，笃信有朝一日定能登陆彼岸。事实上付出的远比兑现的要多得多，但长远来说只要能兑现一次就算是成功了。

番杏的故乡远在南半球的澳大利亚与新西兰，它们想要走出故土的尝试一直都未曾停止。付出得多了总会有收获，清朝乾隆年间，番杏成功登陆了中国东南沿海。1782 年，吴继志在《质问本草》中写道："辛丑之冬，清舶漂到，采此种问之，番杏。"吴继志是琉球中山人（即今日本冲绳的中部），他采集了数百种琉球本土及其周边岛屿所产的药用植物，并将它们分别绘图详注或制成标本，甚至有的用盆栽的方式精心呵护，通过从琉球来华的贡使或者在华游历的学者与中国各地精通医药的本草学家往复考证，历时 12 年终成《质问本草》一书。书中描述的吴继志所问之人叫郑茂庆，是往返于东南亚地区与福建之间进行商业贸易的"漂客"，在这段简短的文字旁边绘有一幅写意的墨线图，稍加比对就可看出与今之番杏为同一物种。

这是番杏在中国的最早记载，有力地证明了洋流和海上船舶在番杏的传播中起着重要的媒介作用。彼时在福建已有人知其名为"番杏"，可以想象它真正传入的时间应该更早。番杏凭借着轻盈的果实随波逐流四处扩散，漂洋过海而入中国已有 200 多年，我们可以合理地推测它在很早以前就已经到达了东南亚诸岛屿，再以这一系列的岛链为跳板抵达菲律宾，然后就有了它在中国的故事，然而它第一次走出故乡的确信记载则要追溯到 1768 年起库克船长（Captain Cook）的太平洋之旅。这次历时 4 年的探险让库克船长和他的船员们收获良多，他们成为首批登陆澳洲东岸的欧洲人，他率领的奋进号创下了欧洲船只首次环绕新西兰航行的纪录，让新西兰第一次亮相于世人眼前。番杏就是那个时候由库克船长从其原生地带回英国，并成为船员们抵抗败血症的食物之一。当然，这些丰功伟绩也离不开随行植物学家、英国皇家学会会长约瑟夫·班克斯（Joseph Banks）的协助，他的

黄花盛开后不久便结出一颗
颗陀螺状的果实，顶端还有
四五个角

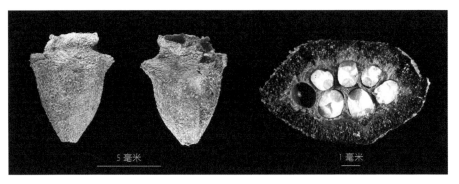

5毫米　　　　　　　　　1毫米

果实熟透之后异常坚硬，其木栓质化的果实蕴含着传播的秘诀

名气和影响力均不输于库克。这次旅程他们共采集了超过 3000 份植物标本，为此，库克船长将悉尼东南部的一个海湾命名为"植物学湾"（Botany Bay）。他在日志中写道："在这个地方，班克斯爵士和索兰德博士发现了大量的植物，这使我想到要把它命名为植物学湾。"

班克斯于 1772 年将番杏的种子带到了英国皇家植物园——邱园（Kew Gardens），1824 年其种子就已经在伦敦有售了，并很快在整个欧洲传播开来。由于番杏的长相、口味和用途都类似菠菜，它又有"新西兰菠菜""海菠菜"和"澳洲菠菜"的别称，有时人们也会打趣地称它为"库克白菜"，以纪念库克船长的卓越功勋。随后，英国园艺学会的成员跨越大西洋将它带到了美国东海岸，番杏于 1828 年出现在纽约的种子出售目录当中，很快它们就在加利福尼亚和夏威夷安了家，在太平洋东南部的复活节岛更是形成了大面积的种群。19 世纪中后期，南美洲的人们也已经熟知番杏了。20 世纪 20 年代，番杏在法国建立了野生种群，并逐渐在欧洲温暖的地区定居下来。非洲南部地区是番杏科植物的天堂，番杏进入非洲的时间已经模糊不清，它被当作一种重要的蔬菜被人们广泛种植并食用，毫无疑问，这里的沿海栖息地已经满是"番杏绿毯"，在非洲东南部的留尼汪岛已经成为主要的入侵种之一。

众所周知，番杏科是一个举世闻名的观赏多肉植物群，其中的生石花、碧光环、口笛等等不仅具有独特的外形，还能开出美丽的花朵，令人爱不释手，番杏在这个群体中绝对是"颜值拖后腿者"，但它却为人类提供了另外一个用途——食用。在中国，长久以来番杏只是偏安于东南沿海少有人问津的海滩上，只有当地的人们对它保持着有限的关注度。直到 20 世纪中期，由于其食用价值以及人们赋予的一些保健功效，番杏又多次从欧美引入中国，1946 年在南京开始引种栽培，之后便形成了一定的生产规模。

番杏和菠菜一样均属于高草酸含量的叶菜，主要食用部位为叶片和嫩梢，只需将它放入沸水中略微一煮就可捞出来，再进行炒食或者加入自己喜爱的酱料拌匀，就可以品尝到一道可口的"焯番杏"了。番杏采收后不易脱水凋萎，在烧煮后仍然含有丰富的维生素，因此备受营养学家和养生爱好者的青睐。

在非洲南部靠近海岸的沙漠地带，分布着一种同为番杏科的蔬菜——冰叶日中花（*Mesembryanthemum crystallinum*）。它有一个我们耳熟能详的名字——冰花或冰菜，是夏季用于蔬菜沙拉的一味备受欢迎的特殊食材。番杏在口感上与冰花也有几分相似，因此台湾东部地区的人们称番杏为"台湾冰花"，以区别于真正的冰花。可见番杏和冰花一样，都稳稳地占据着一定的

冰叶日中花也叫冰菜或冰花，夏季可用于蔬菜沙拉，口味冰爽

市场份额，夏季是番杏生长最为旺盛的季节，恰巧也是冰花收获的最佳时期。

如今，番杏已经遍布大洋洲、美洲、非洲、欧洲和亚洲的海岸地带，世界各地的人们都能轻而易举地品尝到这道"不一样的菠菜"。同时，世界各地的岛屿的生态平衡也在经受着番杏带来的考验，其危害主要表现为排挤本地物种。人类的远航是这个过程的助推器，而即使没有帆船，番杏也仍然能够凭借自身的特点进行一次次浩大的环球旅行，这样的漂泊从未停止。可能唯一值得我们注意的情况是，在国内外多肉植物爱好者的引介下，番杏科中 60 多个属的植物都来到了中国，引种的数量与速度都是前所未有的，这既是可喜的事情，也是需要警惕的事情。

海南的海边沙地上，常可以看到成群的番杏占据了一片开阔的空地

刺 槐

《园艺学评论》（*Revue Horticole*）是由法国国家园艺协会编辑的一本插图杂志，于 1829—1974 年出版，除专业的植物学描述之外，还包括对园艺实践中有趣故事的总结。

Revue horticole, sér. 4 *vol. 47* (1875)

第三章

引种浪潮中的逃逸者

如今，生物入侵现象已经司空见惯，或许经过岁月的洗礼，物种之间在未来的某个时刻能够达到一种新的平衡，但要付出的代价却是许多生物所不可承受的。

如何在引种、培育、利用、推广与防止入侵之间找到最佳平衡，一直是人们的理想追求，只有如此才能让所有生命都薪火相传。

刺槐：沁人心脾的槐花香

槐花，这是一个让人倍感亲切的名字。它是一卷菜谱，是一部长江以北的人们不可或缺的饮食经：槐花糕、槐花饭、槐花包子、槐花饺子、槐花煎饼、槐花炒鸡蛋、槐花粥……它也是一首诗歌，歌咏的是"饮水思源"之幽情，中原地区的百姓对此深有体会，正所谓槐花深处是故乡！

人们记忆中的槐花都是白色的，在初夏的暖阳中，大量白色小花着生在伸长的花序梗上，组成一个总状花序，由叶腋处伸出，优雅地往下垂落。一串串洁白的槐花缀满枝丫，掩映在绿色的羽状复叶之间，当微风拂过，清香素雅、沁人心脾。人们印象中的槐花大抵如此，许多长相类似于此的树木所开花朵都会被称作槐花。然而实际上，"槐花"与"槐花"之间是存在着巨大差异的。

山西大槐树，这是象征着故乡的槐树。而最能代表"山西大槐树"这个意象的就是洪洞大槐树了。"问我祖先何处来，山西洪洞大槐树。祖先故里叫什么，大槐树下老鹳窝。"这首民谣数百年来在我国北方广为流传，在这民谣的背后是一段辛酸的战乱史和大规模的移民史。这个故事发生在连年用兵的元朝末年，而蒙古地主武装察罕帖木儿父子统治的"表里山河"——山西，在当时却是另外一幅安定祥和的景象。于是大量难民涌入山西，

刺槐的花序由叶腋处伸出，优雅地往下垂落

洁白的刺槐花掩映在绿色的羽状复叶之间

国槐的小花在枝条顶端组成金字塔形的圆锥花序

尤其是在当时晋南最大的县城——洪洞。

到了明朝，为了加强新建立的政权，促进经济发展，明政府推行振兴农业移民垦荒的政策，从洪武初年到永乐十五年，五十余年间组织了八次大规模的移民活动，将一方之民散移各地。当时集中办理移民的地方被设在广济寺，寺旁有一棵大槐树，"树身数围，荫遮数亩"，百姓们在即将启程之时，凝望那棵高大的古槐，这些背井离乡的迁移者涕泪交加，不忍离去。由此，大槐树逐渐成为人们惜别家乡的标志。多年之后，这棵见证了百万移民的大槐树毁于顺治八年的洪水，现在这棵为清朝初年补种，距今也已有近 400 年历史了。

这棵大槐树叫作国槐（*Styphnolobium japonicum*）。盛夏时节，大量的小白花在枝条顶端组成总状花序，再由多个总状花序组成金字塔形的圆锥花序，开花时笨重地往下垂挂着。古代的槐花和栀子一样，是一种黄色染料植物。槐花所用部位是含苞待放的花蕾，又叫"槐米"。它属于媒染性染料，需要加入媒染剂才能进行染色。煮过的槐花染液呈橙黄色，与栀子染液的色度相近，但比栀子更耐日晒，因此槐花黄染技术出现后，栀子的"染黄"地位就大不如从前了。国槐花的味道是苦涩的，正与离别之苦暗暗相合，秋季，果实成熟，荚果像一串串珠子一般悬挂在枝头。

"袅袅秋风多，槐花半成实""风舞槐花落御沟，终南山色入城秋"，这两句诗分别来自唐代诗人白居易的《秋日》和子兰的《长安早秋》，诗人所歌咏的正是生长于长安、在秋风中结实的国槐。在 19 世纪之前，叶

国槐的荚果像一串串珠子一般悬挂在枝头　　刺槐叶柄的两侧各着生一枚锐利的长刺

柄两侧各生着一枚锐利的长刺、于春夏之交绽放的刺槐花还只见于大洋彼岸的美洲，当刺槐（*Robinia pseudoacacia*）于清朝末年来到中国后，我们才得以更早地闻到槐花香。随着时代发展，园林绿化、养蜂所需的蜜源以及荒山造林等需求日益增加，加之人们对槐花美食的垂涎欲滴，刺槐在中国迅速走红，甚至不亚于任何一种阔叶类树木。

刺槐有时也叫扁洋槐，因其荚果扁平而得名

刺槐是代表着美味的槐树，这美味不单单是指由槐花做成的各种美食，还寄托着令人回味的"槐花故事"。每年春天槐花盛开时，那晶莹的白铺天盖地，整个山坡就像笼罩着一层薄薄的白纱帐，成群的蜜蜂在花丛中忙碌，在槐花的浓香中流连忘返。我小时候最快乐的事之一就是用长杆子将槐花从树上打下来，然后用手捋着串串白花，闻着那甜甜的香，禁不住摘一个放嘴里品尝一下。用水洗净之后，撒上面粉和均匀，就能蒸出一锅喷香的槐花饭，至今让我陶醉不已。

在气候湿润、四季分明的美国密西西比河流域，刺槐作为土著物种生长在开阔的山坡上，它生长迅速，在森林演替的早期阶段常常占据着主导地位，但由于不耐荫，很快就被其他树种取代。而对于土地裸露的荒坡来说，具有极强适应能力的刺槐却是极具潜力的造林树种，洁白而具浓香的花朵更为它带来了许多的赞誉，因此土著人很早就乐于将它种植在住所周围或者空旷的山坡上。欧洲人登上美洲大陆一百多年后，于 17 世纪初首次将它带到了法国，随后刺槐很快在欧洲大陆传播开来。在法国巴黎市中心的勒内·维维亚尼广场（René Viviani-Montebello）有一棵非常古老的刺槐，被认为是法国宫廷园艺师让·罗宾（Jean Robin）于 1604 年引进并种植的最早的槐树，其树干已经被压成了拱形，400 多年后的今天仍然在开花结实。刺槐的属名 *Robinia* 正是为了纪念这位园艺师兼药草商人而取。19 世纪后，刺槐从欧洲传入了亚洲和非洲的许多国家和地区，并逐渐被各地广泛种植，成为世界上人工造林面积仅次于桉树的阔叶树种。

在中国，南京是刺槐到达的第一站。根据陈诒绂《金陵园墅志》（1933）的记载，清光绪三至四年（1877—1878 年），中国驻日公使张鲁生将刺槐自日本引入南京，栽培于龙蟠里的薛庐以供观赏，当时称之为"明石屋树"。光绪二十二年（1897 年），德国人入侵胶州湾后，又将刺槐从欧洲带到了青岛，在胶济铁路沿线大量种植，最初称之为"洋槐"或"德国槐"，以别于国槐。现在青岛市中山公园仍存活有 7 株当初引入的刺槐，成为"洋槐半岛"上的国家三级保护古树，这些古刺槐见证了这座城市近百年来的沧海桑田。

刺槐与南京的故事虽不像悬铃木一样情结深厚，但也是一段不容忽视的往事。每逢春日南京城内与紫金山麓洋槐花的盛开就足以见证这一切。民国时期的诗

刺槐树形优美，常栽培于公园中以供观赏

人、词曲研究家卢冀野先生在散文集《冶城话旧》中写道："孟芳图书馆前，洋槐夹道，皆民国十年以后光景也。惟大石桥、附属小学仍多旧观。"熟悉东南大学校史的人都知道，孟芳图书馆是我国历史最悠久的大学图书馆之一，前身是始建于1902年的三江师范学堂藏书楼。1920年之后，图书馆前就已经洋槐夹道了，洋槐以庭院树种和行道树的身份开始流行起来。1928年，中国风景园林学科的奠基人陈植先生在其著作《都市与公园论》的自序之中指出："园内路侧左右宜栽置冬青树或扁洋槐，以示整严。"其中扁洋槐即刺槐，因其荚果扁平而得名。"园内"则是指当时的秦淮小公园——民国时期南京最早的四大城市公园之一，位于夫子庙旁、秦淮河畔。可见当时南京的园林建设对刺槐有一种偏爱，可惜这座雅致的公园于1941年毁于日伪之手，现在几乎已经被历史所遗忘，只有洋槐花在日暮晨昏中带着缕缕清香源远流长。更为遗憾的是，这座连年动荡的古都并没有像青岛一样留下一株可供后人瞻仰的古刺槐。

由于刺槐具有生长迅速、抗逆性强、容易繁殖等特性，它很快就得到了林学家和造林工作者的重视，引种名单中总是少不了刺槐的名字。20世纪40年代，来自日本、美国和朝鲜的几批刺槐种源被种植在辽宁东部、甘肃天水和湖南长沙等地，从此之后刺槐林的营造开始规模化增长，它的白花开遍了广袤的山地丘陵。到了80年代，刺槐林已经成为我国黄河中下游、淮河、海河以及长江下游流域主要的用材林、薪炭林、水土保持林、海堤以及河堤防护林，刺槐也一跃成为我国单个树种栽培分布区域最大的植物之一，种植面积约在1000万公顷以上[①]。同时，它也成了重要的"食用"

---

① 顾万春，王金元，张英脱，等．刺槐次生地域遗传差异及其选择评价．阔叶树遗传改良——"七．五"国家科技攻关主要速生丰产树种良种选育文集．北京：科学技术文献出版社，1991:231-237.

植物和蜜源植物，在物资短缺的年代，尤其是青黄不接的时候，槐花和槐叶还能充当救命的口粮。

刺槐具有强大的自我更新能力，它可以通过种子或者萌蘖繁殖，因此能够轻而易举地从栽培的人工林中逃逸出去，逐渐拓展自己的领地。当我们为了槐花美食种下一株刺槐后，没过几年就会有许多带着尖刺的小树苗冒出头来，围绕在母树的周围。刺槐的栽培范围实在过于广泛，已经分不清楚哪片丘陵中的刺槐是人们精心栽培的、哪片山坡上的又是被成功入侵的了，逃逸者和栽培者已经融为一体，无法分割。

后来，许多由刺槐培育而来的观赏品种也相继被引入了我国，这些丰富的品种主要是基于枝条、茎干、树冠及复叶的不同变异选育而成，包括直干刺槐、箭杆刺槐、柱状刺槐、球冠刺槐、曲枝刺槐、龟甲皮刺槐、小

红花刺槐

叶刺槐、黄金刺槐等。最受欢迎的是叶片呈金黄色的金叶刺槐。它的叶片色彩随季节不同而变化，在春季为金黄色，夏季叶片返绿变成黄绿色，秋季又转为橘黄色，且能形成大型而浓密的树冠，但花的颜色仍然是洁白的。

20 世纪 50 年代，第一株开着红色花朵的刺槐——红花刺槐（*Robinia×ambigua* 'Idahoensis'）——来到了中国，又名香花槐。这个品种最早在美国选育而成，于 20 世纪初经由朝鲜引入我国，最初栽培于青岛、北京、辽宁熊岳和上海等地。它花大而芳香，色彩艳丽，枝叶繁茂，树干挺直，株形自然开展，树态苍劲挺拔，被誉为"21 世纪的黄金树"。它是由刺槐和另一种来自北美洲的毛刺槐（*Robinia hispida*）杂交的后代，现在已经成为北方地区常见的园林绿化树种。南京的大街小巷两侧，每年四五月

红花刺槐的亲本之一——毛刺槐

毛刺槐的枝条生长着密集的红色毛刺，其花萼表面也具有恼人的刺毛

份总能看到在枝丫间摇曳着红色花朵的刺槐，令人眼前一亮。

由于习惯性对外来事物缺乏深入的认知，红花刺槐常常被误认成它的亲本之一——毛刺槐。其实两者之间的区别显著，毛刺槐的枝条和花萼表面生长着密集的毛刺，而红花刺槐仅在羽状复叶的叶轴上有少量的小刺。此外，令人们更加迷惑的是，刺槐和毛刺槐还产生了另外一个后代——粉花刺槐（*Robinia×ambigua* 'Decaisneana'），它有着淡粉红色的花，和红花刺槐可以说是双胞胎了，但由于粉花刺槐的花色不如红花刺槐的鲜艳，数量和大小也不及后者，故栽培较少。

很显然，它们的身上都印刻着刺槐的基因。刺槐尽管来自大洋彼岸的美洲，还被许多森林管理者认为是原生植被的入侵者，却凭借着沁人心脾的花香和随遇而安的本性逐步演变成为一个乡土化的树种。人们已经将它"视如己出"，眼里的一切都是关于洋槐花的美好故事，毫不在意那叶柄两侧扎人的尖刺。如今，北方许多城市都会在春夏之际举办热闹的槐花节，洋槐花俨然成了当地的标志和风土人情的象征。

火炬树：
被秋风点燃的火炬

　　秋天登上北京香山的玉华岫，看黄栌密布山峦，圆圆的叶子红得像火焰一般，在瑟瑟秋风中，整片山丘像是被点燃了。这些栽植于清朝乾隆年间的灰毛黄栌（*Cotinus coggygria* var. *cinereus*）经过数百年的发展，如今规模已经达到近十万株，每到秋季，香山便是层林尽染。黄栌的红色是香山红叶的主色调，但黄栌之外还有各种枫树，它们也为这绚烂的秋季贡献了几分彩色。后来，来自异国他乡的火炬树也在这幅秋景图中增添了一抹红艳，京郊主要的红叶观赏区大都种植着上千亩的火炬树（*Rhus typhina*），其中香山就有 5000 多株，它们狭长的叶子组成了片片羽状复叶，繁茂的树冠在黄栌林中格外显眼。

　　开车行驶在北方的公路上，经常能看见成片的不高不矮的小乔木，高的四五米，矮的也有一人多高，它们分布在道路两侧，形成了一条条笔直排布的林带，由于长时间缺乏管理——事实上也不需要特殊的管理——它们显得特别的拥挤。这些树木的树皮呈黑褐色，稍具不规则的纵裂，当年生的小枝上布满了黄色的茸毛，它们的叶子像香椿，十几片长圆形的小叶整齐地排列在叶轴上。当植株成熟，形似火把的大型花序就形成了，被大型的羽状复叶如众星捧月般地簇拥着。到了深秋，随着日照和气温的变化，绿意葱茏的树冠逐渐变得鲜红亮丽，几乎是一夜之间，一片片火红的树林布满了山坡和道路两侧；原本淡黄色的花序也变成了深红色的果序，外面披着鲜红色刺毛的果实紧密地聚生成火炬状，高悬枝顶，因此得名火炬树。

黄栌"御紫"

深秋，原本绿意葱茏的树冠几乎一夜之间
就转变成了火红的树林

大型的羽状复叶簇拥着形似
火炬的大型果序

进入冬季，火炬树的叶片逐渐脱落，但红色的果序却经久不凋，就像永不熄灭的火炬孤独地燃烧在枝头。

火红的火炬里蕴藏着大量的果实，这些淡黄色的核果被红色的刺毛包裹着，得到了近乎完美的保护，活像一只只红色的小刺猬。刺毛最初是白色的，从雌花的花柱和子房表面伸出，待到受精完成，果实慢慢成熟，它们的颜色便越来越鲜红。这些小果实中富含苹果酸和单宁，当它刚刚变成红色时，美洲人民常用来酿造具有独特酸性风味的鹿角漆酒。火炬树有雄株和雌雄同株之分，雄株只产生雄花序，负责提供花粉，完成任务之后也就枯萎凋落了，雌雄同株的则在同一个花序上既生雌花也生雄花，它们肩负起了保存家族中优良基因的重担，并在必要的时候将其延续下去。因此，并不是所有的火炬树能都拥有代表秋天的火炬。

尽管火炬树的结实量巨大，但它们似乎除了可供人观赏之外，大自然所赋予的种子本身的使命却被大大削弱了。受困于坚硬的果核，火炬树的种子在满是枯枝落叶的密林下难以自然萌发，种子繁殖对它而言已然成为可有可无的附庸——火炬树种群的拓展几乎完全依赖于克隆繁殖。虽然它们的果实在秋季成熟，但火炬树在繁殖这件大事上却没有丝毫懈怠，早在

雄性的火炬树

雌雄同株的火炬树

满树红色的果序看上去颇为显眼

春夏时分，通过根蘖萌发的方式进行的克隆繁殖就已经开始了。

　　用锄头在火炬树林下挖开几个浅坑，不需要多费力，就可以找到许多分布在浅层土壤中的横走根系。这些根系被称为水平根系，主要分布在地表以下 15 厘米范围内，它们在表层土下盘根错节，贪婪地向四周伸展着，几乎要填满土壤中的每一处缝隙。从这些根系中可以生出众多的不定芽，其中 2~5 厘米土层内的侧根上分布最多[①]，它们在万物萌生的季节等待时机，当水分和温度合适，一棵棵小火炬树便迅速破土而出。由于卸下了结果实

---

① 许玉凤，徐丹阳，郭文铮，等 . 火炬树横走侧根不定芽的发生及其形态解剖学特性的研究 . 植物研究，2016, 36(3): 348-353.

的重任，雄性的火炬树可以产生更多数量的无性分株，不用多久就能在它周围冒出数十棵小苗，最终形成密密匝匝的树林，在缺乏抚育的山坡上显得杂乱无序。

这些根蘖苗冒出小尖头时，母树和其他树木尚未萌动，每日温暖的阳光照射大地，为小树苗的生长创造了条件，也为其种群的更新和扩张提供了最为恰当的时机。它们以横走的侧根为纽带相互联系在一起，形成了一个有机的整体。这个整体又通过侧根不断发展壮大，改变着它所生长的土地，同时也适时重新塑造自身，以更好地适应不同的环境。

人们深知火炬树生性强健，同时也无法抵抗它极具吸引力的鲜艳的秋叶，使得源自北美洲的火炬点燃了整个北半球温带地区的秋天。火炬树在欧洲的栽培已历经几个世纪，相较于我们熟知且喜爱的腰果（*Anacardium occidentale*）、南酸枣（*Choerospondias axillaris*）和杧果（*Mangifera indica*）等等，同为漆树科成员的火炬树却很晚才为我们所知。1959 年，中国科学院植物研究所首次从匈牙利将火炬树引入中国，1963 年又进行了第二次引种，1974 年后逐渐向各地推广，"火炬红"开始在北方山地不断蔓延。研究人员于 1976 年如是写道："育苗后植于一干旱坡地，几乎无甚管理，至今已十余年，并经过 1972、1973 两个特旱年份的考验，仍枝叶繁茂，花实不衰，根蘖苗丛生，十分郁闭。"[①]

正因如此，火炬树成为北方荒坡造林的好树种，也是秋天独具异趣的红叶植物。虽然它的实生苗需要经历 4 年左右的营养生长才能开花结实，且其寿命大都不超过 30 年，但强大的适应性和繁殖能力使它能够无限自我复制，在恶劣的环境下也能茁壮生长，这让它显得几乎无可挑剔！它理所

---

① 中国科学院北京植物研究所植物园木本组 . 火炬树 . 山西林业科技，1976, 2:11-12.

当然地被用作荒山绿化、盐碱荒地风景林建设的先锋树种。然而，这些本该引起警惕的现象也使它成为近年来极具争议的彩叶树种。它们繁殖太快、数量太多，让很多人在欣赏美的同时也感觉到了一丝难以名状的不安。

研究人员发现，火炬树侵略性极强，即使在北京密云区贫瘠的砾石山坡上，2 年内地上分株数也增加了 7.3 倍，向四周扩展的距离超过了 6 米，它的足迹几乎遍布从市中心到山区的所有栖息地，部分已入侵到肥沃的农田中，不断萌生的小苗甚至击穿了坚硬的路牙石缝，令道路养护人员望而生厌[①]。20 世纪 90 年代，在济南市历城区曾种植了一片黄栌和火炬树的混

火炬树具有强大的萌蘖能力，不用多久就能在它周围冒出数十棵小苗

① Wang G M, Jiang G M, Yu S L, et al. Invasion possibility and potential effects of *Rhus typhina* on Beijing municipality. Journal of Integrative Plant Biology, 2008, 50(5): 522-530.

交林，如今黄栌已被火炬树完全取代，曾在北京市延庆区道路两旁栽植了3~5年的火炬树萌蘖苗也向路旁的山坡蔓延了30多米，有的甚至达到100米，对山坡上原生的灌丛构成了威胁。因此，他们强烈呼吁有关部门应将火炬树列入"有害入侵物种"名单，限制其栽培，同时清理那些任性疯长的树苗。

事实上，关注如何防治和更好地利用火炬树的文献几乎一样多。火炬树的生长和繁殖的特点让它能够在几乎任何生境寻到落脚之处，即使在最为贫瘠的荒坡或者在遭遇森林火灾之后，它仍能以顽强的生命力重获新生。火炬树枝干含水量高，油脂少，不易燃烧，是天然的防火隔离带，非常适用于荒山造林。这些优点实在是让人不忍将其猝然舍弃。

2005年10月，百余名专家学者参加了在中国科学院植物研究所召开的北京生态学学会"新世纪北京生态论坛"，其中"火炬树是否是外来入侵植物或具有潜在的入侵危害"成了他们讨论的焦点问题。近一半的专家都认为火炬树并不能被定义为外来入侵种，虽然它前期长势迅猛，但后期却迟缓萎靡，只能充当先锋树种的作用，纵然能侵入侧柏（*Platycladus orientalis*）和油松（*Pinus tabuliformis*）的领地，但并不能形成顶极群落而长久地霸占着某一块土地，因此不会对自然、半自然森林生态系统产生危害[①]。他们强调了火炬树的造林价值、观赏功能和先锋树种的特性，同时也认为需要警惕它所拥有的入侵能力。

最终，政府管理部门综合采纳了专家们的意见——不再将它作为绿化树种种植，但可以用作荒山裸地的绿化和局部地段的景观植物。自2012年起，

---

① 张川红，郑勇奇，李继磊，等.北京地区火炬树的萌蘖繁殖扩散.生态学报，2005, 25(5): 978-985.

火炬树便退出了北京市的主要彩叶树种名录，不再列入居住区绿化树种名单当中，同年启动的平原百万亩造林工程也明确将它的名字排除在推荐树种名录之外。2017 年，北京市园林绿化部门趁着京承高速沿线景观提升改造的机会，清理了沿线 89 万余株火炬树，原本"雄踞"道路两侧的火炬树林带全部销声匿迹。

人类与火炬树的故事看上去像是一个充满讽刺的故事，同样的故事还发生在许多与我们相伴的物种身上，比如美丽的马缨丹（*Lantana camara*）和可爱的落地生根（*Bryophyllum pinnatum*）。我们出于某种有利的目的或者美好的愿望将它们引入，后来又想方设法去摆脱它们，人类与植物就这样一直在自我矛盾中挣扎前行。人类都有享受美好事物的天性，尤其乐于接受壮观景象所带来的震撼与惊喜，在园林绿化方面则表现为近年来为营造"彩色森林"的追逐，土生土长的枫香树（*Liquidambar formosana*）、各种栎树和枫树已经不能满足这个增长的需求了，因此转而追求国外优良的树种。火炬树就是我们曾经选中的树种之一，而自 20 世纪末至今，一大批源自美洲的栎树正在被我们选中。

其实早在 1841 年前后，来自欧洲的夏栎（*Quercus robur*）就被引入新疆伊犁塔城，后来原产于美洲的沼生栎（*Quercus palustris*）也经欧洲人之手由德国引入青岛，现在仍然能够看到近 20 米高的老栎树矗立于青岛中山公园内。在西方文化中，栎树是尊贵、荣耀和不屈不挠的精神象征，欧洲人对栎树似乎有一种与生俱来的崇敬，他们当然希望自己生活的土地上也有自己熟悉的栎树的身影。这些早期的引种是零星的，数量和规模都有限。

20世纪后半叶，出于科研以及绿化祖国的需要，包括栎树在内的许多植物都进入到了系统性、规模化的引种时期，掀起了一股前所未有的引种浪潮。在这一时期，由中国林业科学院和其他林业院校主导引入的栎树种类就多达数十种。出于对彩叶树种的热衷，一些种苗企业也纷纷从国外大量引进栎树种子进行育苗，著名的德州栎（*Quercus texana*）就是在他们的共同努力下立足于多个城市的大街小巷。它的叶片浅裂至深裂，到了秋季变为红棕色至深红色，在阳光照耀下尤其可爱。

我曾在济南的公园里看到过几株高大的德州栎，旁边的道路两侧种着两排优美秀丽的元宝枫（*Acer truncatum*），不远处就有一丛一人多高的火红的火炬树。气温和阳光的季节变化造就了它们的五彩斑斓，当秋风拂过，哗哗作响的树叶仿佛在互相致意，"但没有人听懂它们的言语。你有你的铜枝铁干，像刀、像剑、也像戟；我有我红硕的果序，像沉重的叹息，又像英勇的火炬。"让我们如"致橡树"一般也向火炬树致意，它们的生命都是多彩的，我们的行为让它们不可思议地在同一个地点相遇，但在我们的视线之外，它们却境遇迥异——有的肆意扩张，有的昙花一现。无论何种情形，我们都需要对自己的行为负责，在引种、培育、利用、推广与防止入侵之间找到最佳平衡，才能让所有生命都薪火相传！

德州栎的叶片到了秋季变为红棕色至
深红色，在阳光照耀下尤其可爱

米草：海岸线上的绿色长城

  1907 年，一种生长在英国海岸边的禾草引起了英国皇家海岸侵蚀委员会（Royal Commission on Coast Erosion）的注意，他们制定了一项利用它保护海岸和填海造陆的计划，这种禾草叫作大米草（*Spartina anglica*）。1923 年，一份提交给荷兰政府的研究报告促使大米草的植物片段从英国普勒港（Poole Harbor）出口到了荷兰，荷兰的研究人员认为英国人的试验是成功的，而成功的经验需要借鉴，于是他们于 1929 年出版了一本小册子——《米草的经济可行性》。这就是米草生态工程的肇始，世界各地的报纸在谈到海岸侵蚀的话题时都争相引用这本小册子。这种宣传引起了巨大的反响，自然而然地导致了世界各地对大米草植物片段与种子的大量需求，1924 至 1936 年间，来自普勒港的 17 万余份植物碎片和大量种子被送往世界 130 多个国家和地区[①]。

---

 ① Hubbard J C E. *Spartina* marshes in southern England: VI. Pattern of invasion in Poole Harbour. The Journal of Ecology, 1965, 53: 799-813.

　　人们成功实现了保滩护岸和促淤造陆的目标，大米草也借着这项创举在世界各地的滩涂上扎根生长。但米草生态工程的主角却不只有大米草，还有米草属中另一个更加著名的成员——互花米草（*Spartina alterniflora*），它们之间有着千丝万缕的联系，甚至可以说没有互花米草就没有大米草。

　　互花米草原本生长在北美洲的大西洋沿岸。1816 年，一些植株碎片混入大洋航运船舶的压舱水中，随着跨洋航行被无意间带到了大西洋的另一边——英国南安普顿海岸。经过了数十年的适应期，互花米草似乎完美融入了当地的生态系统，它与生长在英国的海岸米草（*Spartina maritima*）发生了自然杂交，这个意外的结合产生了一个不育种——唐氏米草（*Spartina × townsendii*），这段故事发生在 1870 年左右的英国汉普郡。唐氏米草由于在减数分裂的前期染色体不能正常配对，因此无法产生后代。但仅仅过了 20 多年，唐氏米草就通过染色体加倍摇身一变成了一个可育种，这就是大米草的起源。它在英国海岸表现出了比双亲更强的生存能力，能占领双亲不能生长的光滩，同时挤占它们原有的生长区域，于是才有了后面一系列的故事——人们利用自己无意间创造的新物种来治理日渐退缩的

19 世纪，互花米草与海岸米草杂交，后形成了如今的大米草

海岸线。

1963 年，为了保护我国被不断侵蚀的海岸、提高海滩生态系统的生产力，南京大学的研究人员将大米草的草苗和种子从英国带到了江苏盐城，新洋港的南侧是我国最早的试种地。经过了 3 年的试验之后，他们将大米草移栽到了浙江温岭，试图通过建立海滩草场造出一块新陆地，这个种植场叫作团结塘。很快，大米草就在我国海岸线成功定居，并成为海岸带湿地植被的优势群落，截至 1981 年底，全国的大米草滩涂就超过了 3.3 万公顷，绿色的草丛遍布海岸线，是一道实实在在的"绿色长城"。

1979 年，为了相似的目的，科研人员踏上了美国东海岸，去追寻大米草的亲本——互花米草，最终他们带着 5 千克的种子和 60 棵植株回到了南

米草被用来治理日渐退缩的海岸线，铸就绿色长城

京，这 60 棵植株来自美国 3 个不同的州，代表了 3 个不同的生态型。第二年，数以千计由这些繁殖体产生的后代被移植到了福建罗源县试种，毫无疑问它们适应得非常好，随后南北各地争相引种，到 1982 年大米草就扩大种植到了江苏、广东、浙江和山东等地。而且互花米草表现出了比大米草更加强大的繁殖能力和更加迅猛的蔓延速度，到 2015 年它的分布面积高达 5.5 万公顷，其中江苏省面积最大，占全国海岸带米草总面积的 38.8%。

本着改造海滩、建立"海上绿色长城"和改善生态环境的初衷，互花米草在沿海遍地开花。科学家们在全球各地种植米草的目的是促淤造陆、保滩护堤、调节碳循环过程、净化水质以及为动物们提供栖息地和饲料，其效果是显著的，米草也一度成为众人眼中的宝草。正因如此，大米草和互花米草的引种利用研究曾于 1978 年获得全国科学大会奖，即使是在福建沿海开始除治米草的 1996 年，互花米草生态工程也还是在国际生态工程大会上获奖。

然而，在滩涂上逃离种植区域并不断蔓延的米草最终引起了大家的恐慌，人们开始讨论如何控制这种高大的草丛，防止它们无休止地扩散。2003 年原国家环境保护总局将互花米草列入了"中国第一批外来入侵物种名单"之中，2011 年世界自然保护联盟（IUCN）将大米草列为"世界 100 种恶性外来入侵生物"之一，这一对标志性的生态修复型植物魔幻般成为许多地区标志性的入侵植物。

幸运的是，20 世纪 90 年代以后，生长在我国滩涂上的大米草种群出现了严重的自然衰退。经过三十多年的世代更替，其植株变得越来越矮小，生物量也在减少，更为致命的是它的有性繁殖能力已基本丧失，这导致大米草的分布面积急剧缩小。2009 年，研究人员通过遥感数据对大米草的分布进行了监测，发现它只是零星分布在北方的沿海滩涂，总面积已经不足

大米草果序

互花米草果序

16公顷。这种迅速且严重的退化现象匪夷所思，其背后的机制仍然不甚明了，而随着大米草的衰退，关于它的"功过是非"的争论也终将成为历史。此后大家所讨论的都是互花米草了，这也是在所有外来入侵植物当中最受关注的对象，我国学术界基于互花米草所发表的学术论文数量更是断层领先于其他物种。

互花米草和大米草一样，也是一种茎秆粗壮的高大禾草，细长的叶片上布满了被称为盐腺的小孔，当体内盐分含量较高时，盐腺便能适时地将多余的盐"吐"到外面，在叶片的上表面形成白闪闪的盐晶，有时雪白如霜。互花米草拥有密集的地下根状茎和发达的通气系统，这些庞大而有序的地下组织足以对抗海浪的冲刷，也让它成为固定滨海泥沙以拱卫堤坝的首选。互花米草既可以通过种子进行有性繁殖，也可以进行营养繁殖，不同地理种群之间的基因交流是较高水平遗传多样性的保证，根状茎则是它们拓展领地的有力武器。每年的 8~10 月，在茎秆的顶端会开出长长的穗状花序，有的从花内伸出像羽刷一样的柱头，迎风招展，有的在主轴上挂满细小的雄蕊，将落未落，这其实是同一朵花的不同状态——雌蕊先于雄蕊成熟，这样就能有效避免近亲繁殖。

即使是在原产地，互花米草也经历了从美国东海岸向西海岸入侵的过程，这和牡蛎产业的迅速发展有关。19 世纪后半叶，互花米草的植株和种子随着牡蛎桶经铁路由纽约被大量运往美国西海岸的威拉帕湾（Willapa Bay），它的分布于 1911 年左右首次出现在书面报道中。然而神奇的是，这种丛生禾草似乎不太习惯北太平洋的气候，直到 20 世纪 40 年代才开出第一朵花，也是在此时才被准确鉴定出来。随后华盛顿州的各大港湾都积极引种栽培，到 21 世纪初，经过百余年的光阴，互花米草在华盛顿州的领地已

互花米草细长的叶片上布满了盐腺，能适时地将多余的盐分"吐"到外面

互花米草雌花的柱头像羽刷一样从花内伸出，雄花上细小的雄蕊在主轴上悬挂着

然达到了 3500 公顷，侵占了威拉帕湾约 1/4 的区域，科学家们称之为"一场发生在海岸线上的生态灾难"。

在威拉帕国家野生生物保护区，互花米草的强势蔓延极大地排斥着大叶藻（*Zostera marina*）和盐角草（*Salicornia europaea*）等原生植物的生长，它的入侵已使水鸟越冬和繁殖的关键生境减少了 16%~20%[1]。当地环保团

――――――

[1] Foss S. *Spartina*: threat to Washington's saltwater habitat[M]. Washington State Department of Agriculture, Pesticide Management Division, 1992.

互花米草在沿海滩涂上逃离种植区域并不断扩散蔓延

体与政府部门很快采取了控制措施，即使是小规模的传播事件也格外注意。得益于此，互花米草在美国西海岸的面积一直处于可控的范围内。

在中国也重复着类似的故事，互花米草的入侵威胁着渤海湾和江苏沿海的盐地碱蓬（*Suaeda salsa*）、长江口地区的芦苇（*Phragmites australis*）和海三棱藨草（×*Bolboschoenoplectus mariqueter*）以及南部沿海湿地的红树林。在上海崇明东滩，互花米草通过横走的地下茎向四周伸展蔓延，占据了芦苇带和海三棱藨草的中间位置，不久便与之发生冲突，露出了"湿地杀手"的一面，极大的竞争优势使得这些品性相对温和的原生植物种群数量锐减，一系列的麻烦便接踵而至，以之为食物来源或者栖息场所的鱼类、鸟类、昆虫和节肢动物的种群数量都明显减少，这是生态平衡被打破之后的连锁反应。

时至今日，互花米草被认为是海岸生态系统中最具攻击性的入侵物种。虽然互花米草群落有时可以为一些如斑背大尾莺等鸟类提供关键栖息地，但它的无限扩张对候鸟及夏季繁殖鸟等大多数鸟类而言，意味着栖息地的丧失或者栖息环境质量的下降，将导致鸟类在迁徙途中失去重要的能量补给。因此，尽管互花米草在短期内为人类解决了一些麻烦，但这些有限的益处早已被逐渐显现的生态灾难所湮没，控制和治理的声音已经在人们心中扎根，当我们在海边看到成片的互花米草时，会自然而然地与受损的湿地生态系统联系起来，科学家们与管理部门关注的焦点也早已从利用转向了治理与修复。

物理防治、生物替代和综合治理技术是我国科研人员的研究重点，通过人工清除互花米草、种植芦苇等本土植物进行替代，营造一个全新的湿

原本长满互花米草的地方已经被海三棱藨草和其他禾草所覆盖

地环境，为鸟儿们重塑一片乐土，这在崇明东滩几乎成为现实。21世纪初大面积覆盖东滩湿地的互花米草群落退却了，取而代之的是广达2000多公顷的鸟类栖息地保护优化区，这是我们所做的代价不菲的努力。这个大型的滨海湿地生态工程为全球海岸带退化区的生态修复和入侵物种治理提供了"中国方案"和"上海样板"，但由于高昂的成本，其他地区海岸线上互花米草的入侵情况仍然不容乐观。由于没有得到根本性的治理，数年后米草群落又逐渐多了起来。令人惊喜的是，当我前往浙江余姚考察米草的治理工作时，惊奇地看到原本长满互花米草的地方已经被海三棱藨草和其他禾草所覆盖。在掌握了不同植物生长繁殖的季节性差异以及互花米草不耐深埋的特性之后，当地负责治理工作的人员只需在适当的季节将互花米草

物理防治仍然是治理的主要手段之一，工作人员将互花米草挖出并就地填埋

震旦鸦雀在海边的芦苇丛中欢跳

从泥淖中挖出，再就地埋入地下适当的深度，就达到了一项生态修复研究课题想要达到的所有指标。这种治理方式简单有效，成本大大缩减，但需要各地联动防治，否则数年之后又会恢复如初。

我们总是希望引入的物种与本土物种之间能够和平共处、相安无事，但生物都具有繁衍后代并且不断拓展领地的天性，生态系统中各个角色之间的平衡需要数万年甚至更长时间才能形成，而打破这种平衡却只需短短几十年。最坏的结果就是海岸生态系统的多样性丧失殆尽，只剩下互花米草的独舞；或许经过岁月的洗礼，它们之间在未来的某个时刻能够达到一种新的平衡，但要付出的代价却是许多生物所不可承受的。当潮水退去，我们不希望满眼都是茎秆生硬的米草草丛，而是高大的芦苇、青翠的藨草、低矮肉质的碱蓬，还有昔日熟悉的小虾蟹以及在芦苇丛中欢跳的小鸟。

苍 耳

《丹麦植物志》是一部诞生于启蒙运动时期的植物学图版作品，最初由德国 - 丹麦植物学家和医生奥德尔（G. C. Oeder）于 1753 年提出，于一百多年后的 1883 年才最终完成。

Georg Christian Oeder, Flora Danica *vol. 6 t. 970* (1787—1792)

◎ 第四章

强大的机会主义者

它们是创造机会的大师，从一个乡村被带到
另外一些乡村，直至完成数百公里的扩散，
在远离它们发源地的地方再度续写生命史。

当顺利扎根之后，它们会把无数的种子洒向
土壤，在一片看似荒芜的大地里，孕育着生
命的顽强。

飞蓬：
轻盈的御风者

　　时间来到了 5 月，伴随着"花中皇后"月季（Rosa chinensis）在公园里绽放，炎热的夏季就要到来。此时的田野里已不再有可爱的小蓝花与小黄花，蒲公英（*Taraxacum mongolicum*）的小伞也携带着它的小种子找到了归宿，春天的繁花盛开之后留给夏天的是一片浓郁的绿。然而烈日之下的荒野中色彩也并非那么单调，在一望无际的绿色当中还点缀着一片片灵动的白色，甚至有时候白色才是主色调。

　　每年夏天，当我们行走在乡野之间，一低头总是能看见在路边随风摇摆的白色小花。这些小花繁茂，黄绿色或黄色的管状花聚在中央，白色或略带粉红色的舌状花排列在周围，组成一个盘状的头状花序，其中管状花是两性花，而舌状花则是雌花。若以一个头状花序作为"一朵花"，那么每个分枝最顶端的那朵花最先开放，然后自上而下相继开放而不间断，这是

夏天，我们总能看见在乡野之间绽放的小白菊

夏季最为常见也最蓬勃绚烂的野花。授粉完成后不久，边缘的舌状花慢慢凋谢直至枯萎，看上去就像被雨水打湿的乱发，当果实成熟，舌状花也就完全凋落了。成熟的果实被称为连萼瘦果，顶端具有由特化了的柔软花萼形成的冠毛，虽然不如蒲公英的冠毛那般轻柔飘逸，但在生存策略上，它的种子更加细小，因此这种花也能随风飘得更远，从而到达更多的角落。

从春末开始，这片灵动的白色会一直持续到秋初方才结束，荒草地是它们最喜爱的生境，在果园、农田、街角或公园里也经常能够见到，我们常常会不经意地指着这些小白花将它叫作小雏菊或者小野菊。其实它们的名字都和"蓬"有关。"蓬"是形声字，从艸（同"草"），本义就是草名，同时又有散乱和茂盛的意思。在古诗词中，"蓬"经常和"蒿"联系在一起，代表最微小和平凡的事物，"仰天大笑出门去，我辈岂是蓬蒿人"是诗人李白为实现心中远大抱负而不愿身处草野的激情洋溢的表达。杜甫则借"蓬"来比喻自己的漂泊不定："蓬生非无根，飘荡随高风。天寒落万里，不复归本丛。"这些意象表达与我们在田野间看到的小野菊倒是非常贴合，它们身处草野，是最平凡的小草，它们的种子随风飘荡、远离故土，却借此占领了北半球的绝大多数地方。

春飞蓬

春飞蓬

一年蓬

它们的名字分别是春飞蓬（*Erigeron philadelphicus*）和一年蓬（*Erigeron annuus*）。略显低矮的春飞蓬在春夏之交贡献了第一片白色，有时在白色的底色上还涂抹了一层粉红色，边缘众多纤细的花瓣如细丝般柔弱，微风拂过时自带一种凌乱之美，从春末直开到仲夏。紧接着，高大的一年蓬营造出了第二片白色，周围狭窄的呈长条带状的舌状花排列成正圆形，配上那纯白的色调显得格外干净利落。春飞蓬和一年蓬都来自北美洲，是越年生植物，它们先后在春天和夏天进入花期，在盛夏有一个短暂的重叠期，就像交接班一样轮流值守在荒草丛中。

在北美洲，春飞蓬几乎遍布美国和加拿大，19 世纪开始随着商旅往来走出美洲大陆，于世纪末登陆上海。然而，不同于菊科的其他爆发型物种，春飞蓬从被首次发现直到 21 世纪初的一百多年时间里一直都默默无闻，在 21 世纪的第一个十年才慢慢分布到上海以外的地区，并迅速呈爆发式增长。在长江中下游流域，每年的春末都可以看见大片的春飞蓬开放在各个角落。得益于它细小且带有冠毛的种子，远距离传播事件时刻都在发生着，目前即使是远在千里之外的西安和大连也已经有了它的稳定种群。

这和绝大多数菊科植物的扩散历程大相径庭，一百多年的静默期让春飞蓬显得与众不同。因此我们推测有两种可能，一是 19 世纪末初来乍到的春飞蓬由于尚未适应新的环境，很快就消失在与其他物种的竞争之中，如今爆发成灾的种群实际上是来自 21 世纪初再次进入上海的新群体；二是它确实由于某种难以解释的原因经历了一段跨世纪的适应期，但这时间之长甚至一度让我们怀疑最初的记载是否准确，或许 19 世纪末到达上海的并非春飞蓬？这也是我们未来想要解决的问题之一。

春飞蓬的种子极易随风飘散，去占领更多的地盘

春飞蓬以有性生殖的方式繁衍后代，除了花盘中间黄色的管状花之外，或许它略带粉红色的舌状花也是为了吸引更多的昆虫来为其传粉。它以异花授粉为主，自花授粉和无融合生殖的比例不足 1%[1]。无融合生殖是指不需要授粉、不发生精卵细胞融合的一种无性生殖方式，种子完全由雌性细胞发育而成，因此每一个个体都可以产生数以万计的具有相同基因的种子，它们是对母体植株的精确拷贝，这样就可以将母本的一些宝贵特质永久保留下来。这种方式除了不需要花粉的参与之外，其他的发育步骤几乎都是对有性生殖方式的模仿，直到形成成熟的种子，随后这众多细小的种子扩散至世界各地。由于有性生殖已经足以保证它游刃有余地适应新环境，因此无融合生殖这种技能在春飞蓬身上十分有限，而在外观相近的一年蓬身上却表现得淋漓尽致，这是它能够快速适应并占领新生境的主要原因。

一年蓬那略显优美的花形、秀丽淡雅的颜色，以及热烈奔放的生长姿态让它颇具姿色，是在夏季时经常被人采摘的路边野花之一。不同于春飞蓬的无意传播，一年蓬第一次远离北美洲是出于人们对它的喜爱，故将它作为观赏花卉引种栽培，在插花中曾是经常使用的材料，被赋予了"随遇而安"的花语。即使没有配置其他花卉，一捧纯粹的一年蓬手捧花也已经足够清新浪漫了。中间亮眼的黄色小花吸引了各种各样的昆虫驻足停留，但这对一年蓬来说并没有太大的帮助，因为它是三倍体，主要以无融合生殖的方式产生种子。只有在极少数的情况下一年蓬才会选择有性繁殖，以产生一些有利的变异来适应当地的环境，然而这也只是科学家们根据其具有多种表型变异所做的推测，它的双受精过程并没有被观察到，因此也就

---

[1] Itoh K, Miyahara M. Inheritance of Paraquat Resistance in *Erigeron philadelphicus* L. Weed Research (Japan),1984, 29: 301-307.

从未被直接证实过。无论如何，在生殖策略上略显神秘的一年蓬依靠它独特而强大的繁殖能力和广泛的适应性，几乎可以在陆地上的任何角落生长。

19 世纪初，当一年蓬抵达比利时的私人花园后不久，头顶冠毛的不安分的瘦果就从花园中潜逃了，并很快成为比利时最常见的路边野花。1816 年左右，一年蓬跨越了英吉利海峡进入英国的花园，或许由于某些尚未查明的原因它很快就消失了，直到 1902 年才在英格兰发现了其野生种群，1975 年至 1986 年之间在汉普郡归化。但一年蓬在欧洲其他地区的传播从来都没有停止，它的策略是以量取胜，每个个体一个生长季内最高可产生近 5 万粒种子，一千粒种子的重量仅 0.02 克。轻盈的种子御风而行，到处都是再生的机会，街角、墙头、屋顶或石缝，尽管大多数种子都会以失败告终，但其种族的延续容易到只需要抓住万分之一的机遇，这是最强大的机会主义者。

热烈奔放的一年蓬

　　1865 年左右一年蓬出现在日本，现在几乎遍布全岛，并成为日本最具危害的外来入侵植物之一。1888 年，一篇详细记述中国及其周边地区植物的英文文献第一次记载了一年蓬分布在上海的山地，并且非常罕见（Shanghai mountions, rare）^①，此后经过了一个短暂的适应期，于 20 世纪初进入内陆地区，现在几乎满布中国的版图。相对于生长在它周围的其他植物而言，一年蓬无论是在营养生长还是繁殖能力方面都展现出压倒性的竞争优势。化感作用是植物入侵成功的重要武器，可以助它轻松击败其他竞争者，高产的种子则有利于它形成大面积的单优群落，这是我们能够看到白花开满荒野的原因，也是它成为危害严重的入侵物种的推手。一年蓬的蔓延对当地生态系统和生物多样性造成了威胁，也严重干扰了农林业生产，它对果园的土壤结构和肥力影响很大，会导致果树大幅减产甚至使整个果园荒废。

　　在中国的大部分地区，废弃之所或者无人耕耘的土地上总能看见大片的一年蓬，近年来春飞蓬也加入了进来，一起对抗着园丁与农民的辛勤劳作。白花盛开的地方纵然美好，却也透露出一丝荒凉。

　　其实早在 19 世纪五六十年代，原产于美洲的飞蓬属植物就已经被无意间带入了我国，最早是发现于香港的苏门白酒草（*Erigeron sumatrensis*）和香丝草（*Erigeron bonariensis*），后来是出现在山东的小蓬草（*Erigeron canadensis*），此后不久从南到北的荒地就改头换面了，再也不是以前百花争妍的样子，而是郁郁葱葱的飞蓬属植物占据了整片土地，它们也成为荒

---

① Forbes F B, Hemsley W B. An enumeration of all the plants known from China Proper, Formosa, Hainan, Corea, the Luchu Archipelago, and the Island of Hongkong, together with their distribution and synonymy—Part VI. The journal of the Linnean Society of London, Botany, 1888, 23(156): 417-418.

草丛的标志性植物。小蓬草的头状花序具有极短的舌状花，苏门白酒草和香丝草却没有舌状花，因此也就没有吸引人的"花瓣"，苏门白酒草头状花序的直径明显小于香丝草，但仍然具有巨大的种子产量，其间的差别若不仔细观察则难以区分。2014年，小蓬草、苏门白酒草和一年蓬都被列入了第三批《中国外来入侵物种名单》当中，小蓬草和苏门白酒草还被列为国家"重点管理外来入侵物种"，其中小蓬草被视为最具破坏性和分布最广泛的外来入侵植物之一。

这些来自美洲的小野菊都是种子传播的大师，是轻盈的御风者，它们创造了数以万计的种子，借助柔软的冠毛随风飞舞。风力传播这种方式是随意且不高效的，也是最廉价的，轻微的阵风就能轻而易举地将种子从果盘中吹出来，在气流的作用下飘散到数千米之外的地方。这些种子细小到让人难以察觉，人类活动成为它们离开家乡、跨越河流和海洋传播至远方的桥梁。飞蓬属植物具有强大的生命力，它们是第一个能够适应广谱性除草剂草甘膦的杂草，也是目前传播最广泛的草甘膦抗性杂草之一，其抗性生物型在全球广泛存在，即使是喷洒推荐剂量的两倍也毫无效果。它们能让贫瘠的山坡变得绿草茵茵，也能让肥沃的农田变得茅封草长，一片荒芜

小蓬草的头状花序具有
极短的舌状花

苏门白酒草没有吸引
人的"花瓣"

香丝草头状花序的直径
明显大于苏门白酒草

加拿大一枝黄花像飞蓬属植物一样拥有高产、轻盈且传播能力极强的种子

的土地上总是能找到至少一种飞蓬属植物的身影。

菊科植物就像一个潘多拉魔盒，里面装着许多影响着全球的恶性入侵植物，且大多都原产于美洲大陆，它们中绝大多数都像飞蓬属一样拥有高产、轻盈而传播能力极强的种子。飞蓬属植物遍及全国，而其他菊科植物也在各自的区域称霸一方，华东地区有号称"霸王草"的加拿大一枝黄花（*Solidago canadensis*），华南地区有"一分钟一英里杂草"（Mile-a-minute Weed）和"生态杀手"之称的薇甘菊（*Mikania micrantha*），西南地区则有俗称"破坏草"的紫茎泽兰（*Ageratina adenophora*），它们占领荒地、侵入果园、覆盖树冠甚至闯入森林，其生命之顽强与危害之严重丝毫不亚于飞蓬属植物，它们的故事甚至更加充满戏剧性和个人英雄主义。

纵使家遥万里，仍然不辞艰险，"此地一为别，孤蓬万里征"是对飞蓬最真实的描绘，尽管我们视之为农业文明中的搅局者，每年都在试图将其铲除，但最终的结果却是随风飘散的"孤蓬"几乎征服了地球的每个角落。

号称"霸王草"的加拿大一枝黄花将苏铁重重包围

苍耳：
黏人的旅行家

　　1948 年，瑞士电气工程师乔治·德·麦斯他勒（George de Mestral）在一次打猎回来后，看到牛蒡（*Arctium lappa*）的"小刺球"附着在自己的长裤和狗身上，它们非常牢固，需要耗费相当大的精力才能清理干净。乔治仔细观察了这些牛蒡的果实，发现它们表面布满了细长的软骨质钩刺，牢牢地挂住了裤子的纤维。受此启发，他一面用柔软的圆毛模仿织物上的纤维环，另一面用细小的钩子充当"小刺球"，当用力将两条织物压紧时，钩与环相结合，就会形成紧固的状态，若希望两者分离，则只需用力撕开即可。一种新的扣件就此问世，维克罗（Velcro）是其中家喻户晓的注册商标。实际上这种扣件最初使用的连接辅料是纯棉的，但后来人们发现不实用而改用尼龙，并于 1955 年发明了专利产品尼龙搭扣，在香港它被叫作"魔术贴"，在台湾它被称为"魔鬼毡"。

这是植物仿生学的典型例子，大自然带给了人类无穷无尽的想象力，启示人们发明创造，也为发明者带来了巨大的财富。尼龙搭扣模仿的是菊科植物牛蒡的整个果序，它通过密集的钩子附着在毫无防备的哺乳动物或鸟类身上，在自行脱落或由动物们除去后，就争取到了在远离母株的地方生根发芽的机会。这种传播方式叫作"动物体外传播"（epizoochory），是大多数草本植物都更愿意选择的比较"经济"的旅行方式，这种方式在菊科植物里最为常见。它们是创造机会的大师，随风漫天飞舞扩散得最远的是它们，黏性最强的例子也出自这个家族，除了牛蒡之外，最耳熟能详的就是苍耳（*Xanthium strumarium*）了。

纺锤形的"小刺球"是苍耳的标志性特征，明朝医学家卢之颐说它"外壳坚韧，刺毛密布，中列两仁，宛如人肾。"这其实是一个聚花果，由整个雌花序发育而成，外围坚硬带刺的壳原本是包围着花序的总苞片，用刀横向切开这个刺球就能看到它真正的果实——两枚长椭圆形的瘦果被紧密包裹在刺状总苞内，从横切面看则似肾形。

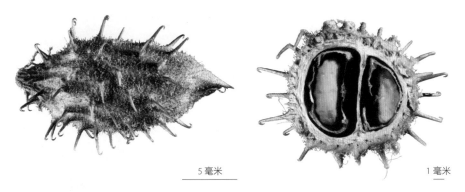

5毫米　　　　　　　　　　　　　　　　　　　　1毫米

纺锤形的"小刺球"是苍耳的标志性特征，从横切面看，藏在里面的两枚长椭圆形的瘦果"宛如人肾"

苍耳最早叫作"苓耳"，此名源于《尔雅》，在本草书籍中常与《诗经》中记载的"卷耳"混为一谈。苍耳的刺状总苞连同里面的瘦果一起自古就是入药的材料，汉代《神农本草经》将它列为中品，称之为"葈耳"。然而在屈原看来，苍耳还有另外一副模样："薋菉葹以盈室兮，判独离而不服。"其中的"葹"指的就是带刺的苍耳，诗人将它视为恶草，用以比喻谗佞小人，自己则是与之不同的品质高洁的兰草，只能远远避开。

早在魏晋南北朝时期，就已经有人注意到了苍耳果实的传播方式，他们称之为"羊负来"，但却有好几个版本。《博物志》中说它由洛阳传入蜀中："洛中有人入蜀，胡枲着羊毛，蜀人种之，曰羊负来也。"陶弘景注《本草经》则称："一名羊负来，昔中国无此，言从外国逐羊毛中来。"苏颂《本草图经》的说法又完全相反："此物本生蜀中，其实多刺，因羊过之，毛中粘缀，遂至中国，故名羊负来。"不管是由中原入蜀地还是由蜀地出中原，其传播方式都是随羊

苍耳的果实

毛而来，"羊负来"之名非常符合它的特性。这种黏附于动物皮毛上搭乘"顺风车"的模式对苍耳来说非常高效，它们从一个乡村被带到另外一些乡村，直至完成数百公里的扩散，在远离它们发源地的地方再度续写生命史。苍耳一名则最早见于唐朝孙思邈的《千金食治》，彼时在中国传播扩散的就是诸多古书上记载的苍耳，是原生于欧亚大陆的本土种。

苍耳属是一个形态多变的复合类群，具有多种多样的形式，早期的植物学家根据"小刺球"的形状大小、钩刺的数量与外观以及刺毛的情况对苍耳属进行分类处理，他们所被划分的物种数量差异很大，有的多达 20 多种，有的则只有 2 个种，这取决于不同学者对这些特征的重视程度，有时也取决于他们当时的心情。美国著名植物学家阿瑟·克朗奎斯特（Arthur Cronquist）曾在一篇关于菊科植物分类的论文中写道："确定苍耳属植物的种类已经成为一项艰巨的任务，许多植物学家只有在不可避免的情况下才承担起这项工作，并且心存疑虑。"[1]

当新的技术手段引入植物学研究之后，学者们利用基因序列结合形态数据对物种进行界定，才比较清晰地将苍耳属划分为 5 个物种，其中只有被古书称为"羊负来"的苍耳原产于欧亚大陆，其余的均起源于美洲[2]。它们在人类与动物介导的传播下变得全球化，成为一个世界广布的植物类群，而其中分布范围最为广泛的当属北美苍耳（*Xanthium chinense*）——一个打着中国旗号的美洲物种。

---

[1] Cronquist A. Notes on the Compositae of the north-eastern United States. II. Heliantheae and Helenieae. Rhodora, 1945, 47: 396-405.

[2] Tomasello S. How many names for a beloved genus?–Coalescent-based species delimitation in *Xanthium* L.(Ambrosiinae, Asteraceae). Molecular Phylogenetics and Evolution, 2018, 127: 135-145.

18 世纪 60 年代，英国植物学家菲利普·米勒（Philip Miller）根据一份采集自栽培于切尔西药用植物园的植物标本命名了北美苍耳，这株苍耳其实来自墨西哥，但米勒发表该种时却误将它的原产地写成中国，于是它学名的种加词也就成了"*chinense*"。尽管作者本人于 3 年后再次发文进行了澄清，并且指出早在 1730 年就已经有人在墨西哥的韦拉克鲁斯（Veracruz）发现了天然种群，然而这些后来的更正并没有引起大家的注意，直至现在仍然有许多人认为它是产自中国的物种，与本土的苍耳相互混淆，甚至直接认为北美苍耳与苍耳无甚差别，视作同一个物种进行归并。

北美苍耳的钩刺在数量和长度上都明显大于苍耳，钩刺的末端也更加尖锐，这暗示着它的传播能力是苍耳无法比拟的。19 世纪初，北美苍耳的刺果附着在北美浣熊皮上被再次带入欧洲，可以想见，刺果的传播会随着动物皮毛贸易的增加而不断发生。1929 年，北美苍耳出现在了日本冈山县，1933 年，日本植物学家北川政夫（M. Kitagawa）等人在内蒙古赤峰市也找到了它，不久之后北美苍耳又出现在哈尔滨和热河，此时它在邻近的苏联、朝鲜半岛及蒙古国都不曾有过记录，因此很有可能是从日本传入。3 年后，北川政夫在"第一次满蒙学术调查研究团报告"中误将它作为新种 *Xanthium mongolicum* 发表了，种加词"*mongolicum*"意为"蒙古的"，因此它又有蒙古苍耳的别名。

作为一种典型的向阳植物，北美苍耳偏爱开阔的河滩和空旷的荒野，有时也会成片生长在温暖的垃圾堆旁，除了容易随动物迁移和人类活动扩散外，河流和雨水也将它们送到了下游地区，一些荒芜的河滩上几乎全是疯长的北美苍耳。当与苍耳共生时，北美苍耳显示出了明显的生长优势，无论在种群密度、植株高度、叶片大小还是结实量方面都比苍耳大得多，还可分泌强烈的化感物质，只有少数植物能与之共存。它们不断扩展领地，使本土的苍耳变得极为罕见，当苍耳发生严重的霜霉病和虫害时，北美苍耳却很少有染病迹象，如此强大的适应性和抗病虫害能力使它遍布南北各地，也因此成为苍耳属中入侵性最强的物种。

苍耳属入侵种威胁的不仅仅是土著物种的健康生长，它们也不止生长在河滩、荒地或旷野，还经常侵入牧场和农田，即使是干旱的戈壁也挡不住它们的脚步。我曾在西北地区的牧场附近遇到一种浑身布满黄色长刺的苍耳，它的刺从叶腋处抽出，通常呈三叉状，最长的超过了 3 厘米，刺的

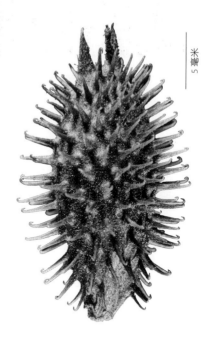

5 毫米

北美苍耳的钩刺在数量和长度上都明显大于苍耳

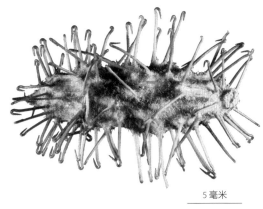

5毫米

刺苍耳尖锐的刺就像一把锋利的长矛

先端十分尖锐并且时刻向外伸展着，就像一把锋利的长矛，随时都在准备战斗。这种苍耳叫作刺苍耳（*Xanthium spinosum*），似乎生来就对周围的生物充满敌意，它的刺果瘦小，钩刺的锋利程度以及钩子的长度却是苍耳属中之最，由于生活在牧区的缘故，它最容易随着羊毛制品的贸易被带往全球。

在西北地区的农田里还潜伏着另外一种苍耳，它拥有硕大无比的刺果，外围的钩刺密密麻麻，几乎找不到任何空隙，钩刺的下端还生长着同样密集的扁平硬糙毛，让人望而生畏。这种苍耳的分布区已经沿着河西走廊扩展到了东北地区，经常出没在玉米和棉花周围，庞大的植株有时比玉米还高，与之争夺水分、营养、光照和生长空间，此外它还潜入了大豆田里，因此其刺果往往混迹于大豆和玉米等大宗粮食中，随着进出口贸易而往来于世界各地。这种苍耳的学名是 *Xanthium orientale*，但关于它名字的故事却和北美苍耳如出一辙。一直以来，在绝大多数植物学文献里它的学名都被写作 *Xanthium italicum*，种加词"*italicum*"意为"意大利的"，因此我们常常称它作意大利苍耳，而真相却是：它是一个打着意大利旗号的美洲物种。根据它独特的刺果特征，或许我们改叫它"密刺苍耳"更加合适，和北美苍耳一样，密刺苍耳也产自北美洲，当它到了欧洲之后才阴差阳错地被植物学家起了一个新的名字。

可见苍耳的全球化传播不仅给农耕带来了消极影响，还给分类学家增添了许多麻烦，不知道分类学家们在命名苍耳属植物的新种时是否如克朗奎斯特所说的那般"心存疑虑"？

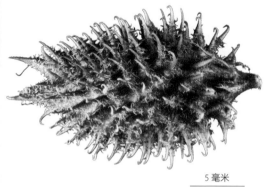

5 毫米

密刺苍耳的刺果硕大无比，外围的钩刺密密麻麻

密刺苍耳常现于玉米棉花田地，身形有时比玉米还高

现在苍耳属植物已经成为全球性杂草，也是我国进境检疫的重点关注对象。然而黏人的入侵植物却远远不止有苍耳，另外一类被称为鬼针草的菊科植物同样令人反感。如同它的名字一样，鬼针草的瘦果细长如带状，顶端有两三根布满倒刺的"长针"。小时候，当冬天临近，我身着棉裤穿过一片荒草丛后，就有数不清的"鬼针"等着我去摘干净。不仅如此，鬼针草名字的混乱程度也并不亚于苍耳，但与我们对鬼针草始终如一的厌恶相比，苍耳的刺果在我们童年的记忆里却是充满乐趣的果实。

在苍耳成熟的季节，苍耳子是小伙伴们之间玩闹的"暗器"。看到枝叶间干黄的苍耳，总是会胡乱地采上一把，放在手上团一团，迅速地朝小伙伴身上撒去，开启一场"扔苍耳"的游戏，或是悄悄地丢在同学的发梢和

鬼针草的瘦果

后背上，抿嘴偷笑，又或是肆无忌惮地挂满小狗一身，然后大笑跑掉。苍耳的旅行故事也印刻着童年的一段成长历程，回家的小路上，在你追我赶中被胡乱抛掷又揪下的那个小种子早已不见踪影，是不是就悄悄地隐匿在路旁的草丛中，正静静地等待发芽呢？

有时我们会将苍耳当作荒凉的代名词，当房屋逐渐坍塌，农田变得荒芜，第二年的夏天这里总会长出一片苍耳，它们得意扬扬地在枝丫间结出累累刺果，与所有生命一起沐浴曙光又见璀璨夕阳。它们的到来让整个地区从曾经的有序整洁变得萧索杂乱，就像镌刻在大地上的文字一样，时刻用令人不安的语气提醒着我们，文明背后的野性从未走远。

苋属：善于隐藏的伴人植物

　　在我们有限的农耕历史中，曾经有许多不同种类的植物被普遍栽培和食用，后来由于某些原因不再受恩宠，转而躲在人们的居住地或菜园周围，犹如跌入冷宫。关于"为何要抛弃它们"的问题有一个简单又直接的答案，那就是我们有了更好的替代品。那些被抛弃的作物慢慢成了杂草，而且总是长得比园丁们悉心照料的作物更加茂盛，就像是为了报复人们把它们弃于花园篱笆之外一样。这是一类特殊的植物，它们从野生到被人们驯化，如今再度回到野生状态，然而却再也找不到原来的"家"了——没有人知道它们的原生环境是什么样子的。随着时间的演替，它们逐渐成了"伴人植物"，种子传播和分布区的扩大都要借助于人类活动。

　　这个变化过程非常漫长，一种植物从被人们采集开始，直到成为一种不可替代的重要作物需要经过几千年的不断种植、改良，再种植、再改良的驯化过程，小麦、玉米、马铃薯等就是最显而易见的例子。通常而言，现有作物要比"故去"的作物更加可口并易消化，或更易获得，产量高且稳定，在人工选择的过程中改良的作物往往具有更少的刺激性气味和坚韧的纤维，而这些被人们抛弃的特性恰恰都是"野生型"植物重要的防御手段。事实上，一些被我们赶出菜园的作物曾经对我们的饮食做出过卓著的贡献，苋科植物就是其中的典型代表。

对欧洲食物遗迹的考古学分析表明，在铁器时代、古罗马时代和维京时代，藜（*Chenopodium album*）的种子一般和谷粒混合食用。它的种子中蛋白质含量比谷物及近缘种藜麦（*Chenopodium quinoa*）的都高，它的叶子在中国民间被称为"灰灰菜"，清炒或蒸食均可。藜和菠菜、苋菜同属于苋科，如今虽已"下岗"，以前却被普遍食用。藜作为蔬菜的属性几乎已被菠菜完全取代，在欧洲和美洲都视其为一种田间杂草，在亚洲则是一种存在感不强的野菜，它仅在非洲仍然偶尔作为蔬菜或动物饲料栽培。

苋属植物同样具有悠久的栽培历史，早在4000多年前的美洲大陆，印第安人就将老鸦谷（*Amaranthus cruentus*）、老枪谷（*Amaranthus caudatus*）和千穗谷（*Amaranthus hypochondriacus*）作为主要粮食作物栽培，它们的种子相比玉米等其他谷物富含更多的高赖氨酸。美洲中部和南部地区的原住民曾把这些苋科植物驯化成"假谷物"，它们虽然不属于禾草类谷物，但两者的"谷粒"吃法相似，即将其研磨成粉，当作点心或粥食用。这些营养丰富的"假谷物"含有人体必需的各种氨基酸，弥补了单调的玉米饮食所造成的营养不足。因此，这些籽粒苋曾在美洲被大量种植，后来由于西班牙人的入侵，印第安文化的衰落以及政治、宗教等因素，它们的栽培面积大大减少，如今几乎退出了作物历史的舞台。千穗谷在中国的栽培历史可以追溯到明朝，在饥荒年间，它的"谷粒"可以作为粮食充饥，如今已

美洲原住民曾把这些苋科植物的种子当成"假谷物"食用

经不多见，但在东北和西南地区还留有一些小片的千穗谷田，硕大多彩的"谷穗"在周围平淡的色调中非常显眼。

苋（*Amaranthus tricolor*），是苋属植物中最为人们所熟知的，有青苋和红苋之分，如今仍然"在岗"。苋菜的味道较为鲜美，每年夏季，农贸市场里的蔬菜摊中总是会有它的位置。苋菜最早被引入中国可追溯到 10 世纪，当时已经作为蔬菜栽培。对于人类生活有价值的物种自然会随着人们的迁移而不断传播，更何况苋属植物的种子产量和萌发能力都非常高，所以我们餐桌上的"苋菜"既可能出自蔬菜基地中的标准化生产，也可能是田野里的野菜。这种原产于印度的苋广受亚洲人民欢迎，除了满足口腹之欲外，经过园艺师的精心选育，许多供观赏的品种也应运而生，如红军苋、金叶苋、初彩苋和雁来红等。这些品种在我国各地种植极为广泛，可点缀在假山怪石之间，也可群植于高台花坛之内，还可将其装点于花瓶之中。

雁来红是其中最为引人注目的，南宋诗人杨万里曾以朴实亲切的口吻歌咏雁来红："开了原无雁，看来不是花。若为黄更紫？乃借叶为葩。藜苋

苋如今仍然被作为蔬菜食用

雁来红

真何择，鸡冠却较差。未应榉菊辈，赤脚也容他。"明朝初年朱橚在《救荒本草》中称赞"其叶众叶攒聚，状如花朵，其色娇红可爱"，名之为"后庭花"。雁来红的叶色既黄且紫，老而愈艳，似藜似苋，难以分辨，其赏心悦目不亚于鸡冠花，虽未可与桂花菊花之流相提并论，但懂花之人对它还是欣然喜爱的。

同样被作为园艺植物栽培的还有老枪谷，它那比大拇指还粗的花穗自植株的顶端直直下垂，有时可以达到 1 米，鲜红色的花穗就像一条长长的尾巴，因此它还有一个更加形象的名字——尾穗苋。这种"观穗植物"虽然小众，但也不乏喜爱之人，其观赏品种也都各有特色，颇具观赏潜力。

除了可作为粮食、蔬菜和观赏的物种之外，更多的苋属植物被定义为杂草类群。全世界的苋属约有 70 种，近 60 种都出自美洲大陆，目前我们所知的已经进入中国的苋属植物约 20 种。这些物种自古至今陆续被人们无意或有意地带入我国，其中一些为人类生活做出了重大的贡献，但一半以上的物种都表现出了强烈的杂草性质，比如南方菜地附近的绿穗苋

（*Amaranthus hybridus*）和刺苋（*Amaranthus spinosus*），北方棉花田和玉米地周围的反枝苋（*Amaranthus retroflexus*）。由于反枝苋经常出现在玉米地周围，北方的农民都喜欢称它为"玉米菜"。苋属植物的种子都非常细小，呈扁圆形，最小的直径只有半毫米，最大的也不到 2 毫米。它们潜伏于农田和菜地之间，也常见于路边荒地和垃圾场附近，等到农民们收获庄稼的时候，各种苋的种子也成熟了。这些难以被察觉的种子极其善于隐藏，棉花、粮食或者家禽饲料的大宗贸易是这些亮黑色种子最喜欢搭乘的"顺风车"，甚至一次货物或者垃圾的装卸就能将它们带往几十公里以外的地方，80%以上的萌发率已足以保证这些乘客在新环境中建立一个新种群。因此，苋属植物已经是一群全球化的物种，我们在利用和享受它们的价值，也在抵抗着它们给农业生产带来的冲击。

　　刺苋是第一个被列入"中国外来入侵物种名单"的苋属植物，也是唯一一种在叶腋处藏着一枚尖刺的苋，第二个被列入的是反枝苋，它不仅能通过化感作用影响作物生长，还在植株中富集了大量硝酸盐，家畜过量食

反枝苋

用易引起中毒事件。2016 年，原环境保护部发布了《中国自然生态系统外来入侵物种名单（第四批）》的公告，其中包含了一种产自美国西南部至墨西哥北部的"超级杂草"，名为长芒苋（*Amaranthus palmeri*）。苋属中绝大多数种类都是雌雄同株，而长芒苋则和另外几种苋组成了异株苋亚属，有雌株和雄株之分，更容易产生一些有利于自己的基因突变，而雌株也能更加有效地利用有限的资源产生大量的种子。长芒苋从美国西南部逐渐渗透到中部的大农场区域，给当地的大豆和玉米生产带来了无尽的麻烦，它和农场主与农药公司之间的斗争至今仍在继续，美国的记者们在报道这种植物的危害时喜欢用"超级杂草""杂草恶魔"等比喻，就好像它拥有的超能力，似乎只有这种比喻才能匹配得上长芒苋在杂草界的地位，严谨的科学家们则会倾向于避免使用这一类带有误导性的词汇。

20 世纪后半叶，随着交通运输的发达和农业生产规模的扩张，长芒苋开始大肆侵入美国农业生态系统，在农田环境的筛选下，它能够迅速适应并进化出抗除草剂群体，抗除草剂长芒苋因此应运而生。长芒苋对常用的

刺苋

长芒苋

除草剂均具有耐受性，这样的广谱抗药性在入侵杂草中也非常罕见。美国大部分地区不得不在被长芒苋入侵的农田中使用毒性更强的除草剂，甚至只能人工除草，已有棉农因此弃耕。有研究表明，长芒苋的抗性基因可以长距离扩散，雄株的花粉最远可传播至 46 公里之外，且易通过种间杂交将它的广谱抗药性基因转移扩散给其他近缘种，从而导致新的"超级杂草"出现[1]。可见，抗除草剂长芒苋的出现不仅给大豆、棉花等农作物的生长带来了巨大的损害，还严重挫败了农民们对抗杂草的信心。

因此，许多人都不吝啬使用更加邪恶的语言来描述抗除草剂长芒苋，有的媒体把它比作"撒旦"或"孟山都的克星"[2]，有的记者则使用"黑暗王子""邪恶传播者"或者"杂草恶魔"等含有宗教色彩的词汇，认为它就是罪恶的化身，并告诫农民们不要放弃战斗，因为正义终将战胜邪恶。这就是修辞和威胁性话语的力量，如今不管是科学家、海关部门、农业管理者还是农民，都已经将长芒苋视为最具威胁的对手和最需要防范的杂草。

苋属植物的传播扩散极具隐藏性，其中跨境粮食贸易是传播风险最高又最难避免的途径。长芒苋在入境农产品检验检疫中的检出率极高，几乎每艘来自美洲的大型粮食贸易船只中都搭载着这种扁圆形的小种子，欧洲多国已将其列入了预警和检疫目录当中，也是《中华人民共和国进境植物检疫性有害生物名录》中的一员。

1985 年，研究人员在北京市丰台区第一次发现了长芒苋的踪迹，其后十余年，它在京津冀地区迅速扩张，如今想要不碰见它已经很难了。它的植株最高可达到 3 米，每年夏天，柔软的雄花序的巨量淡黄色花粉随风飘

---

[1] Ward S M, Webster T M, Stecke L E. Palmer Amaranth (*Amaranthus palmeri*): a review. Weed Technology, 2013, 27: 12-27.

[2] 孟山都：美国一家跨国农业公司的名字。

散出去，犹如一阵黄色烟雾，雌花序接受花粉之后，在九十月份开始结实，平均每一株有上百个尾巴似的果序向周围伸展开来，细小的果实被一枚芒刺状的苞片托着，异常的坚硬扎人。每株的种子产量实在是太过巨大，以至于我们只能非常粗略地用"几十万粒"来描述，1000 粒种子的重量仅有 0.33 克，而萌发率却几乎达到了 100%。无怪乎在所有雌雄异株的苋属植物中，长芒苋被认为是最成功的人工生境的入侵杂草，也是农业生产领域的恶性杂草。

我们的研究发现，华北地区泛滥的长芒苋在遗传上与美国中部大农场区域的最为接近。幸运的是，我国的绝大部分种群都生长在荒地或绿化带附近，而且都尚未检测到抗除草剂基因，从这个意义上来说，我国的长芒苋还算不上"超级杂草"。然而，在新近进入口岸以及一些散发的逃逸至野外的种群中，检出抗性基因的频率却非常高，耐药性试验也证明了它们的可怕。很显然相关部门都已经意识到了这一点，将它视为"国家重点管理外来入侵物种"，希望在所有人的共同努力下，未来我们的农田不要被"超级杂草"所包围。

回顾苋属植物在中国的发展史，既可观又可食的苋是最早被引入的，而且与人们长期保持着较为紧密的联系，直到现在仍然是我们

长芒苋的雄花序

生活中的重要一员。千穗谷在中国的栽培历史经历了数百年，但种植范围一直都很有限，现在也遭到了冷落，大部分时候都是街边杂草，依旧硕大多彩的果穗是它过往荣耀的标志。老枪谷和老鸦谷则要稍微幸运一些，老枪谷已经退出"作物

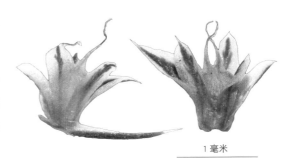

1 毫米

长芒苋细小的花朵

群"转而加入了"园艺群"，成为一种和苋一样拥有诸多品种的花园观赏植物。老鸦谷则仍然频繁出没于乡村里舍和田间地头，它们通常以一小丛的形式聚集在路边草地，或者一棵孤零零地高耸于农田，更常见的情形则是一大丛生长在无人打理的墙边荒地，等待着好这一口的人们提着菜篮子摘一些回家打打牙祭。老鸦谷的花穗繁多，因此也叫繁穗苋，但它充当"谷物"的用处早已不复存在，作为蔬菜在人们心中的地位也逐渐降低了。

在我很小的时候，我就看到老鸦谷肆意生长在农村的老宅旁，不用特意打理就能长出 1 米多高，我用它的叶子养过蚂蚱和蜗牛，也喂过兔子和母鸡。洗净的嫩叶随着清炒或汤煮所散发出的清香十分诱人，虽清素却并不寡味，于我而言，它的味道早已超越了超市里售卖的苋菜。有了老鸦谷的鸡肉面片汤和炒饭，就好像有魔力，我总是会忍不住多吃上几碗。刚参加工作那会儿，奶奶还住在老房子里，我每次离家时，她总是会专门摘上一大把嫩嫩的苋叶递给我，说上一句"知道你喜欢吃，快拿去吧"。深秋时分，老鸦谷的种子成熟了，每次路过我总会顺手抖一抖它的穗头，心里想着来年再见吧，就像期待来年奶奶再递给我一把绿油油的苋叶一样。

在老鸦谷的周围还生长着几株浑身毛茸茸的绿穗苋，由于无甚用处，

可供观赏的老枪谷园艺品种

硕大多彩的干穗谷果穗

人们常常直接称之为"野苋"，它和刺苋等其他十几种苋一样都被视作妨碍耕作的讨厌的杂草。这些伴人而居的苋都是一年生植物，一年的生命周期太过短暂，它们更喜欢动荡不安的开阔生境，往往生活在受干扰极为严重的地方，这里允许幼苗快速成长并成熟，没有高大粗壮的植物与之竞争。人类擅长创造这样的生境，所以一年生杂草总是跟随着我们，频繁地出现在我们的住所和农田周围。

苋属植物是为人类量身定做的杂草，把它们带向远方的并不是来自自然传播的力量，而是我们现代的出行方式和经济行为。无论它们怎么努力，种子借助外力被抛出去的距离最多不过几米，而跟随着人类旅行和粮食贸易却可以轻而易举地到达从未触及过的彼岸。只需一个春秋，它们就会把无数的种子洒向土壤，在一片看似荒芜的大地里，孕育着顽强的生命。来年春季或者当年秋季就能看见成片的小绿苗破土而出，开启它们各自的新征程。这些土壤种子库是大量且持久的，有的在十几厘米以下的土层中埋藏数年仍然能够顺利发芽。人类研究它们的生命史就像是在翻看旧书信，它们是旧书信记录者，上面描绘的其实都是我们自己的耕作方式和生活习惯。

老鸦谷仍然频繁地出没于乡村里舍和田间地头

燕麦和毒麦

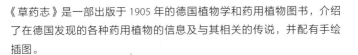

《草药志》是一部出版于 1905 年的德国植物学和药用植物图书，介绍了在德国发现的各种药用植物的信息及与其相关的传说，并配有手绘插图。

Friedrich Losch, Kräuterbuch, unsere Heilpflanzen in Wort und Bild, ed. 2 *t. 6* (1905)

第五章

农田和牧场里的伪装者

杂草虽然一直被憎恨、被驱除，甚至被赋予邪恶的形象，但它们和作物一起都被人为驯化，受到了相近的、定向的人工选择压力。

有些物种尽管扮演着农田杂草的角色，却也抒写了一首特别的田园赞歌，让杂草与作物之间的界限不再那么分明、关系不再那么对立，因为曾经的杂草造就了后来的作物。

毒麦和麦仙翁：曾与小麦如影随形

毒麦（*Lolium temulentum*）是禾本科植物中的一员，最初生长于欧洲地中海地区至亚洲西南部，这里是世界三大主要农业起源中心之一，也是全球最重要的粮食作物小麦（*Triticum aestivum*）的起源地。禾本科是一个庞大且和善的植物家族，物种数量超过1万个，包括了所有真正的粮食作物和分布最为广泛的牧草，它们塑造了自古而今的农业样貌，如果没有它们，或许农业文明很难演进。而毒麦却是个例外，它是禾本科中的反面典型，除了一些疯魔者会为它所带来的迷醉感而兴奋之外，几乎在所有的文献中都找不到任何赞美之词。

几千年来毒麦都与小麦如影随形，两者在人们的心中留下了两个极端的印象。《马太福音》就曾提到过小麦和毒麦，分别代表"天国之子"和"恶者之子"，但中文的和合本圣经将毒麦（希腊语 zizanion）译为稗子："容这两样一齐长，等着收割。当收割的时候，我要对收割的人说：'先将稗子薅出来，捆成捆，留着烧，唯有麦子要收在仓里。'"在这"稗子"的比喻中，小麦代表着忠实，而毒麦则被视为农夫的敌人，是叛逆的象征，"稗子就是那恶者之子，撒稗子的仇敌就是魔鬼"，将这"稗子"撒在麦田里的都是天国的仇敌。因此在西方语境下，毒麦一开始就被指控为恶者，而且不容置疑，其毒性和伴小麦而生的习性是它的原罪。

英国戏剧家莎士比亚（W. Shakespeare）的作品中也多次提及了毒麦。在《李尔王》（*King Lear*，1606）中，最受李尔王疼爱的小女儿考狄利娅（Cordelia）带着一群法国士兵寻找流落荒郊的老父亲，而此时她看到的李尔王已经"疯狂得像怒海，大声歌唱，头上插满了恶臭的烟堇和沟边杂草，牛蒡、毒参、荨麻、草甸碎米荠、毒麦（Darnel）和各种生长在田间的野草。"《亨利五世》（*Henry* V，1599）中勃艮第公爵（Duke of Burgundy）在一次和平谈判时发表了一番感慨，直言在那个保佑人丁兴旺、丰衣足食和艺术的和平女神被驱逐在法兰西境外的日子里，那儿的庄稼，眼看那样丰饶，全都成堆成堆地烂掉……在那休耕地上，只见毒麦、毒参、蔓生的烟堇扎下了根——那本该用来铲除这些恶草的锄头，却生了锈！

在莎翁的笔下，这些微不足道的杂草蕴含了深刻的文化含义，它们不仅仅是植物，还代表着一种意象。将杂草编成头冠，象征着李尔王的疯癫，而疯癫就是毒麦中毒的一个表现，所以有人认为李尔王的疯狂就是毒麦中毒所致，在古希腊，毒麦被称为"让人发疯的植物"。有许多后来人陶醉于这种状态，因为毒麦会让人暂时忘记现实生活的悲苦，人们专门收集它的种子，并将其加入制作麦芽酒的原料中好让自己烂醉如泥。毒麦的拉丁名为 *Lolium temulentum*，种加词"*temulentum*"意为"醉酒的"，林奈在为它命名时显然是充分考虑到了它那令人谵妄的功效。

毒麦本身并没有毒性，但它颖果①的内种皮与淀粉层之间经常受到麦角菌菌丝的侵染，从而产生一种与麦角酸二乙酰胺（LSD）密切相关的生物碱，这就是让人产生幻觉的原因。当毒麦与麦粒一起碾磨时，食用面粉就变得极具风险，食用毒麦含量达 4% 以上的面粉即可引起急性中毒，出现神经麻痹、眩晕、恶心、呕吐等症状，牲畜中毒则表现为抽搐和步伐踉跄。这种果实与真菌共生的现象也发生在黑麦草属的其他植物身上，如疏花黑麦草（*Lolium remotum*）和多年生黑麦草（*Lolium perenne*），而在黑麦（*Secale cereale*）中则尤为常见，特别是在较为潮湿的年份，因此生活于新月沃土中食用黑麦面包的人们身上经常会发生一些奇怪的事件。

有正派就会有反派，在农人的世界里，小麦和毒麦就是正义与邪恶的代表。混杂于麦田里的毒麦和其他杂草一样，都是自农业诞生以来农人们一直要面对的烦恼。为了避免被人类驱逐，毒麦演化出了与小麦相似的外观和生活史——难以分辨的茎秆和叶片，几乎一致的生命周期，与麦粒颇为相似的果实——这些都是对小麦的模仿，在受到来自人类选择的演化压力之后，毒麦学会了伪装。

会伪装的还有南方稻田里的稗（*Echinochloa crus-galli*）。稗，又称稗草，稗子，在东西方的文学意象中都是"恶草"的形象，

毒麦的颖果

---

① 颖果：禾本科植物的果实。

是农民最主要的铲除目标。自农业诞生以来，稗从原来铺散贴地的形象演化到如今亭亭玉立的模样，与水稻越长越像。这种有趣的现象激发了一部分科学家想要"探究谜底"的好奇心，他们通过群体进化分析发现，长江流域的拟态稗草起源于非拟态稗草，并且是一次起源，大约发生在公元1000 年左右，在这个演变的过程中，人类行为无意中加速了稗草的演化，产生了类似驯化的选择效应[①]。植物的这种拟态其实早在 20 世纪 20 年代就已经被注意到了，苏联植物育种学家瓦维洛夫（Vavilov）在研究小麦栽培起源时发现，有一些杂草无论是形态还是习性，都与我们的粮食作物非常相似，在收获的时候，它们的种子很容易与粮食混在一起。这种现象被命名为"瓦维洛夫拟态"（Vavilovian mimicry），也叫"杂草拟态"。

这些杂草虽然一直被憎恨、被驱除，甚至被赋予邪恶的形象，但它们和作物一起都被人为驯化，受到了相近的、定向的人工选择压力。很显然，这种来自人力的意外的定向选择也发生在了毒麦的身上。

毒麦的出苗期比小麦稍晚，果实成熟期则稍早，成熟籽粒易随包围它的稃片一齐脱落，在小麦收获时，毒

稗在形态和习性上都与水稻越长越像

① Ye C Y, Tang W, Wu D, et al. Genomic evidence of human selection on Vavilovian mimicry. Nature Ecology & Evolution, 2019, 3(10): 1474-1482.

麦的落籽率为 10%~20%，因此极易混杂于麦种之中。毒麦成熟时，那肿胀的果实早已偏离了它所属的黑麦草属植物的扁平特征，其大小和重量转而与小麦和其他小粒作物的谷粒非常相似，这使得它们的分离变得困难，用筛子也很难将其过滤。

凭借着与小麦的紧密联系，毒麦紧跟着小麦的足迹传遍了全球，国际大宗粮食贸易的兴起更是为它的扩张助了一臂之力。到 21 世纪，毒麦已经广泛分布于世界温带地区的小麦种植区。

毒麦在中国的出现和传播是有迹可循的。1958 年，牡丹江专署植检植保站的工作人员曾对毒麦的来源作了介绍，称东宁县绥芬河镇的群众于 1945 年在绥芬河火车站发现一车皮小麦，有的群众看这个品种很好，便留作种子，但小麦中夹杂着少量毒麦，没有引起重视，随着小麦的种植，毒麦也随之传布蔓延[1]。我国最早的毒

毒麦成熟时肿胀的果实

---

[1] 阎贵忠，张陞.黑龙江省牡丹江专区毒麦调查初报.中国农业科学，1958, 5: 256-257.

麦标本也是采自黑龙江省，最早的文字记录则来自杜亚泉编著的《植物学大辞典》（1918）中，指出其为"欧罗巴（即欧洲）原产"，并附有绘图与详细的形态描述，但辞书的记载并不能保证它在当时就已有分布，很可能仅仅是对"毒麦"这一条目的解释而已。

值得注意的是，我国古代的许多本草学书籍中都坚称"面粉有毒"。宋代苏颂在《本草图经》中说："小麦性寒，作面则温而有毒。"明代慎懋官《华夷花木鸟兽珍玩考》中写道："小麦种来自西国寒温之地，中华人食之，率致风壅。小说载中麦毒，乃此也。昔达磨游震旦，见食面者惊曰：'安得此杀人之物'。"古人认为，面热而麸凉，只有整粒食用，煮以为饭，才可免面热之患，若磨成面粉则会中毒而"病狂"，乃至死亡。以现在的认知来看，这样的描述很难不让人联想到毒麦，或许早在唐宋年间它就已经生活在麦田里，不过现在已无从考证。

在农业技术尚不发达的年代，毒麦在世界各地的粮食产区都造成了严重的危害，我国华东、华北、西北及东北地区的小麦产区自然难以幸免，至 21 世纪初毒麦已扩散到 22 个省级行政区。在其最初爆发地黑龙江麦作区，小麦脱谷后毒麦的混杂率一度高达 22%。以陕西省为例，20 世纪 70 年代初，毒麦随省际种子调运从河南、甘肃等地传入陕西省汉中、安康地区，并开始在关中、陕南麦区传播蔓延，经 1974—1975 年普查，毒麦在陕西省的发生范围达 7 地（市）23 县（区），面积超过 3.3 万公顷，其中咸阳地区发生面积达 3.27 万公顷，占全省发生面积的 98%[1]。在中国的麦作区，毒麦以"迷糊草""闹心麦"的名字广为流传。因此，毒麦一直以来都是进口

---

[1] 周靖华，张皓，张吉昌等．陕西省毒麦的发生危害与治理．陕西师范大学学报（自然科学版），2007, S1: 175-177.

小麦中的重点检疫对象。

20世纪80年代后，随着防除工作力度的加大以及有效的综合治理，毒麦的发生危害得到了明显的控制，其中关键的原因是除草剂的系统化使用和先进的种子精选技术。麦田是毒麦最主要的生活区域，其他的生境对它而言成为困境，曾经的优势最终却成为最致命的限制。21世纪之后，毒麦的分布范围迅速缩小，只零星出现于长江以北少数地区的麦田之中，我国所有的植物志中对毒麦分布的描述使用的都是"有过""曾有"和"偶有"等词汇，暗示着它曾经的辉煌和现今的陨落。

被种植在植物园中的毒麦

毒麦已经很久没有危害人类健康了，或许若干年后我们只能在封存已久的植物标本柜里一睹它的真容。这是它随人类耕作方式的变化而逐渐演变的结果，更加细致的谷物分拣方法让面粉不再具有毒性，也彻底改变了毒麦种群在全球的命运。在植物界中这样的例子并不多见，但巧合的是，另外一种被称为"麦毒草"的植物，与毒麦完全不同，却与毒麦经历了几乎一模一样的遭遇。

"麦毒草"这个俗称已经明示了它与毒麦的共性——一种生长在麦田里的植物，对农作物极具危害性，当时由它导致的面粉中毒事件仍然让人们记忆犹新，且罪魁祸首都是种子。这种植物在《中国植物志》里的名字叫麦仙翁（*Agrostemma githago*），由于它隶属于石竹科，因此又叫"麦田石竹"。麦仙翁纤细而狭长的叶片与小麦如出一辙，种子的成熟时间与春小麦的收割季节完全一致，如同毒麦一样，它混在收获的谷物当中，曾经也是面粉里常见的污染物。不同的是，麦仙翁具有美丽的花冠，鲜艳的粉红色和紫色曾让它在园艺观赏植物当中也占有一席之地，黑色而稍扁平的种子独具特色，种子的表面密布呈同心圆状排列的瘤状突起，这种种子与麦粒一起碾磨后会让面粉具有一种特殊的苦涩味道。

"麦仙翁中毒"有两种形式的症状：一种是由于大量食用导致的急性中毒，引起强烈的肌肉疼痛、运动失调以至死亡，另一种是少量采食造成的慢性中毒，可导致流涎恶心、反复腹泻而体重下降。其活性成分为麦仙翁种子本身所含有的皂苷或三萜皂苷，这种毒性皂苷的含量尽管只有6%，却可以轻易通过误食之人的胃壁进入血液循环。好在这种曾经极其常见的植物已经日渐稀少，而且与毒麦逐渐消失的原因完全相同，麦仙翁那与众不同的种子在联合收割机的筛网中甚至更加容易被去除。然而在农业机械化引入之前，其"恶名"也只是仅次于毒麦而已。

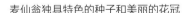

1毫米

麦仙翁独具特色的种子和美丽的花冠

莎翁在《科里奥兰纳斯》（*Coriolanus*，1623）中同样也将麦仙翁和"叛乱""祸根"等词汇置于一处："我们因为屈尊纡贵，与他们降身相伍，已经亲手播下了叛乱、放肆和骚扰的祸根，要是再对他们姑息纵容，那么这些麦仙翁（Cockle）更将滋蔓横行，危害我们元老院的权力。"麦仙翁具有精致迷人的外形，却是一种有毒植物，因此它的存在常常用来象征某种天性的堕落。

麦仙翁的原产地和毒麦一样，都与小麦的起源地重叠，并且在中国的首次发现地都位于黑龙江省。它们总是埋伏于麦田之中，偶尔也出现在玉米或大豆田里，依赖于人类的耕作而延续种群。20 世纪 80 年代，麦仙翁对东北地区的小麦生产造成了较大危害，每平方米的麦仙翁植株达到 27~39 株，这意味着耕者不仅需要与毒麦战斗，还要付出更多的体力劳动将麦仙翁清除。

现在，毒麦和麦仙翁的种群数量无论是在原产地还是入侵地都显著下降，我们再也不必用手仔细地将小麦中的有毒种子挑拣出来，它们制造的那些中毒事件也早就被人们遗忘，甚至许多人根本就没有听说过，只能从古书上的文字片段中想象这段已经成为历史的艰苦生活。但在世界上一些农业技术欠发达的地区，毒麦和麦仙翁的种子依然是人类健康的威胁。英国的一些机构则对毒麦的种群状态有

麦仙翁纤细而狭长的叶片

着与我们截然相反的期待，他们希望
能够防止毒麦在英国灭绝，甚至想要
将它重新引种至野外，以增加英国的
物种多样性。然而毒麦种群衰退的内
在原因尚未揭示，它在远离人类耕作
区的环境下如何保持种族延续还是一
个大难题，因此毒麦将和麦仙翁一样
继续流浪在田间地头。与之形成鲜明
对比的是，黑麦草属的其他物种却随
着世界草坪行业的发展而迅速崛起，
它们都起源于欧洲至中亚地区，短时
间内就已经遍布世界各地，为人类的
草坪事业注入了新的活力，它们的野
生种群也在世界各地欣欣向荣。

野生黑麦草

野燕麦：
野草与作物的传奇

大约 5000 年前，全球的气候最适期趋于结束，在气候逐渐转向湿冷的安纳托利业高原上，二粒小麦在相对低温的夏季生长状况不佳，而不受欢迎的野生燕麦却在不太适宜的气候条件下大量繁殖，野燕麦（*Avena fatua*）就是众多野生燕麦中的一种。在这同一片高原上，或许还要向西延伸至地中海中部，向南到达农业文明的起源地之一——新月沃土，还生活着超过 20 种不同的野生燕麦，著名的健康谷物燕麦（*Avena sativa*）也诞生于此。它们对人类的重要性尽管远逊于小麦，却见证了整个农业文明的起步与发展，它们虽然绝大多数都扮演着农田杂草的角色，却也抒写了一首特别的田园赞歌，让杂草与作物之间的界限不再那么分明，关系不再那么对立，因为曾经的杂草造就了后来的作物。

在漫长的演化过程中，通过自然杂交和染色体加倍，燕麦已经从二倍体到四倍体，并最终多倍化成为异源六倍体植物。这种染色体加倍的演化方式使得燕麦能够在剧烈的环境变化下得以生存——多一套染色体或遗传物质就意味着多一些生存机会，然而这也给我们了解其起源与演化历史带来了极大的困惑。一直以来，野燕麦都被认为与燕麦之间有着千丝万缕的联系，农学家推测燕麦最初可能来源于不实野燕麦（*Avena sterilis*）和野燕麦的杂交，之后被人类带往世界各地驯化，随之又产生了各种新的栽培变异，其中就包括在我国栽培历史悠久的"裸燕麦"。

燕麦的栽培品种在其祖先被人类驯化之前就已经完成了多倍化的进程，这是学术界的共识，但诸多关键环节仍然是个谜。直到 2022 年，科学家们采用全基因组重测序等先进技术，才基本上解决了这一谜题，揭示了燕麦属植物复杂的网状进化模式。约 800 万年前，在稻族形成之后，燕麦属植物也诞生了。经过久远的等待，在约 50 万年前的人类旧石器时代，六倍体栽培燕麦终于形成——以二倍体为父本、四倍体为母本杂交并加倍后产生，但它们与之前认为的不实野燕麦和野燕麦都没有关系，燕麦的母亲是岛屿野燕麦（*Avena insularis*），父亲是谁还需要更多的证据来证明，最有可能是长颖燕麦（*Avena longiglumis*）[1]。

岛屿野燕麦最初是在意大利西西里岛南部被发现的，有 4 个种群生长在未开垦的黏土上，外观与不实野燕麦非常相似。然而，它作为燕麦的祖先物种却一直隐匿在田野之间，直到 1998 年才被人们发现并命名，研究者敏锐地观察到，这个新发现的四倍体物种似乎比任何其他四倍体物种都更接

---

① Peng Y Y, Yan H H, Guo L C, et al. Reference genome assemblies reveal the origin and evolution of allohexaploid oat. Nature Genetics, 2022, 54(8): 1248-1258.

近于栽培燕麦，并且很可能是栽培燕麦的四倍体祖先①。事实证明，正是这种生于道边的野草成就了如今广为栽培的燕麦。

今天栽培最为广泛的燕麦是带稃型燕麦，也被称为"皮燕麦"，包围着燕麦粒的稃片与可食用部位紧密相连，成熟后也很难脱离。它们已经非常适应北半球的温带气候，在全世界超过 40 个国家和地区都有栽培，产量最高的国家是俄罗斯和加拿大。由于含有丰富的可溶性膳食纤维，燕麦成为现代食品工业驱动下的减肥食品，是美国《时代》杂志评选出的"全球十大健康食物"中唯一的谷类食物，燕麦片也成了健康的代名词。

"裸燕麦"则主要种植于我国北方地区，是具有两千多年栽培历史的古老作物，它的籽粒为裸粒型，外围的稃片特别软，成熟后与燕麦粒很容易分离，因此其加工工艺与皮燕麦相比更加简单，具有更高的蛋白和粗脂肪含量。人们坚信燕麦籽粒的这种皮裸性状是重要的驯化性状之一，并认为裸燕麦是皮燕麦的栽培变异。但最近的研究否定了这一假设，同样是利用全基因组重测序技术，科学家们发现皮燕麦和裸燕麦分化时间大约在 5.1 万年前，远远早于皮燕麦大约 3000 年前在欧洲被驯化的时间，

5 毫米

野燕麦的果穗

① Ladizinsky G. A new species of *Avena* from Sicily, possibly the tetraploid progenitor of hexaploid oats. Genetic Resources and Crop Evolution, 1998, 45: 263-269.

明确了裸燕麦是燕麦属植物东传之后，独立起源于我国山西至内蒙古一带并被驯化和育种改良的[①]。

我们常常将裸燕麦亲切地称为"莜麦"，其所磨成的面粉被称为"莜面"，此名据传是汉武帝为奖掖敬献谷物的大臣莜司而取。

古时野生的燕麦经常与雀麦相互混淆，"雀麦"一词见于《尔雅》，晋郭璞注曰："雀麦即燕麦"，李时珍称雀麦为"野草也，燕雀所食，故名"。其实燕麦的花序在禾本科植物当中很有特点——小穗的柄下垂，麦穗修长而疏落，每个小穗的基部有两个黄绿相间的颖片，向下叉开如燕尾，或许这也是"燕麦"名字的由来。正如清代吴其濬在《植物名实图考》（1848年）中所说："燕麦附茎结实，离离下垂。"

野生的燕麦在古诗词中常和"菟丝"并列，是有名无实的象征。汉《乐府·古歌》中说："田中菟丝，何尝可络？道边燕麦，何尝可获？"北宋司马光《资治通鉴》中则描述得更加直白："菟丝有丝之名，而不可以织。燕麦有麦之名，而不可以食。"古人认为燕麦野生于废墟荒地间，不堪大用。这些描述与我们喜爱的莜麦大相径庭，反而更加符合野燕麦的特征，只不过后者在叉开如燕尾的小穗末端还缀着两根纤纤细芒。

在中国，野燕麦最早的确切记载来自英国植物学家乔治·边沁（George Bentham），他在 1861 年出版的《香港植物志》（*Flora Hongkongensis*）中描述了野燕麦在香港荒地上的分布。但考虑到燕麦东传的古老历史，以及"燕麦"在古书中较为混乱的记载，野燕麦很可能不是近代传入的，而是很早就作为燕麦或小麦的伴生杂草随之东传而入中国，如今在我们的麦田中

[①] Nan J S, Ling Y, An J H, et al. Genome resequencing reveals independent domestication and breeding improvement of naked oat. GigaScience, 2023, 12: giad061.

野燕麦在叉开的小穗末端还缀着两根纤纤细芒

也常常看到混生其间的野燕麦。

从我们能够追溯到的历史来看，来自地中海东岸地区的野燕麦在 20 世纪中期就已经广布于我国南北各地，它"苗似小麦而弱，实似穬麦而细，所在皆有之"。野燕麦继承了燕麦一族的优良基因，也能够适应气温更低的环境以及更加湿润和贫瘠的土壤，即使在小麦无法忍受的条件下也能生长良好。这种天然的优势让它横行于世界温带至寒带地区，也让它走到了作物的对立面，成为"世界性的恶性农田杂草"。

作为燕麦的亲戚，野燕麦自然有着与燕麦极为相似的样貌，但与野燕麦关系更远的小麦却成了它最亲密的伙伴。能够自我繁衍的野燕麦出苗参差不齐，在小麦破土而出大约 5 天以后，嫩绿的野燕麦小苗也冒出了头，它们和毒麦一样表现出"杂草拟态"的特性，在开花结实之前，杂草与作物的形态几乎一模一样，只要农人稍微放松警惕，第二年春末高大的野燕麦就会如雨后春笋般从麦田的空隙中窜出来，叉开的"燕尾"在麦穗的顶上"动摇于春风"中。

野燕麦的果实由顶端向下依次成熟，边成熟边脱落，至小麦收获时，大部分果实已经回到了麦田里，剩下的则混杂于麦粒之中，收获的小麦中野燕麦果实的混合率通常在 10% 以上。此外，它还是麦类赤霉病、叶斑病和黑粉病的寄主，存在将致病菌传染给小麦的风险，严重威胁作物生产，因此政府部门于 2016 年将它列入了《中国自然生态系统外来入侵物种名单》。据农业工作者的统计，20 世纪 90 年代，野燕麦在中国冬麦区的危害率为 15.6%，在春麦区危害率达 25.3%，全国严重危害面积约 160 万公顷，每年因野燕麦危害损失的粮食就超过 15 亿公斤[①]。随着农业技术的提高，毒麦的危害已经淡出了人们的视线，而野燕麦却仍然在给我们制造麻烦，在进口粮食作物及动物产品中，野燕麦果实的截获率依然不低。

"废苑莺花尽，荒台燕麦生"，在麦田里，有限的资源分配让野燕麦的苗"似小麦而弱"，而在荒野处，野燕麦强大的分蘖能力则体现得淋漓尽致，单株的分蘖可以达到 40 个之多，是名副其实的高大丛生型禾草。在麦田之外，几乎所有的低海拔区域都能见到野燕麦，它的果实随着农业活动和粮食运输传遍了大江南北，频繁出没于荒野草丛之间，那些疏于经营的菜地也会受到野燕麦的挤占。

除了依靠人类的帮助，野燕麦果实传播的背后还藏着一个励志的故事，它隐藏在人们不易发觉的枯枝落叶之下——这是一种依靠土壤表面湿度的

---

① 涂鹤龄，邱学林，辛存岳等.农田野燕麦综合治理关键技术的研究.中国农业科学，1993，26(4): 49-56.

如雨后春笋般从麦田的空隙中窜出来的野燕麦

变化来"行走"的植物。包围着野燕麦果实的外稃中部长着一根具有膝曲的长芒，芒的下部如弹簧一样，可以在湿度变化时扭曲或者解扭曲，以此带动芒的运动，实现"行走"的功能。麦芒在地面湿度变大的时候会伸直，干燥的时候又会恢复原状，在这样一伸一屈之间就能在地面上"匍匐前进"一小段距离，虽然有时只有短短的几厘米，但对它而言已经足够远了。在"行走"的过程中，果实与地面始终保持着一定的角度，基部稠密的绒毛也能够紧紧抓住地面，直到遇见一块潮湿松软的土地，最后将自己埋入土中，因此这根长芒可以看作是野燕麦果实的"自埋钻"，用以保证种子能够顺利生根发芽。

　　针对野燕麦种子扩散特性的研究表明，野燕麦种子在种子源周围 10 米以内的范围内密度最大，每平方米可超过 400 粒，随着距离的增加密度逐渐减小，直到 50 米开外处，密度接近于零。找到藏身之所的种子经过三四个月的等待，在当年秋天的第一场雨之后就能顺利萌动，而那些尚处于恶劣条件下的种子则可以长期处于休眠状态，静静等待下一个更好的时机。这种演化特征对植物来说意义重大，但对人类来说却很不友好，我们肯定不希望辛辛苦苦种下的燕麦因为土壤条件的不同而稀稀拉拉地出苗，更不愿看到麦粒在一夜之间就脱离母株逃跑了，因此，人们不会选择野燕麦作为栽培作物。

人们选择栽培的燕麦和它的野生亲戚相比，果实的质量更大、籽粒更加饱满且紧凑、具有更加结实的小穗主轴，但那根膝曲的芒却消失不见了，种子萌发与开花结果的时间也整齐划一。栽培燕麦拥有人类这个可靠的传播伙伴，不用自己努力就能够将种子撒向世界各地，并且还能得到人们的悉心照料。

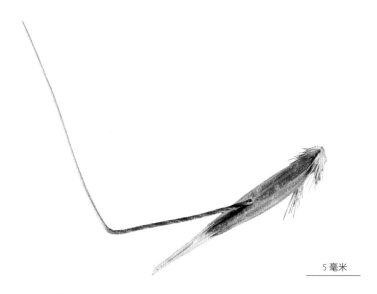

5 毫米

包围着野燕麦果实的外稃中部长着一根具有膝曲的长芒，芒的下部如弹簧一样扭转

瓦维洛夫把这种曾经是田园杂草的作物称之为"二级作物"(secondary crops),有时也叫作"次生作物"。燕麦就是其中之一,虽然野燕麦并不是栽培燕麦的祖先,但作为亲缘关系并不太远的同胞,相近的遗传物质允许它们之间发生杂交的现象。然而这段相互融合的"孽缘"并没有产生更好的结果,因为杂交的后代通常都是败育的。

荒野中野燕麦强大的分蘖能力体现得淋漓尽致

尽管如此,野燕麦和其他所有被视为杂草的野生燕麦一样,与栽培燕麦之间的界限已经不再那么分明,又有谁知道野燕麦在栽培燕麦的诞生过程中贡献了多少遗传物质呢?燕麦成为人类种植的作物充满着偶然性,当我看到生长在燕麦田边缘的野燕麦时,甚至会有一种时空的错乱感,我感到即使是几万年的间隔,也不再那么遥远。

栽培的燕麦果实上的膝曲的芒消失不见了

蒺藜草：隐藏在草原上的刺疙瘩

在我国的传统文化中，"蒺藜"被当成了"恶"的象征，在文学作品中也被用以比喻奸佞小人，与象征忠贞之士的香草相比，"蒺藜"身背了千载恶名。屈原将它和苍耳并列，暗喻自己心中不屑的一切污秽之物："薋菉葹以盈室兮，判独离而不服。"其中"薋"就是蒺藜，这种以草木作为隐喻的抒情对后世诗赋产生了重要影响。曹雪芹在《红楼梦》中也有"薋葹妒其臭，茝兰竟被芟葑"之句，比喻贾府中妒害晴雯的小人。

古诗文中的蒺藜（*Tribulus terrestris*）指的是广布于欧亚大陆的一种匍地生长的植物，隶属于蒺藜科，两晋时期郭璞注《尔雅》云："布地蔓生，细叶，子有三角，刺人。"这里不仅说明了它蔓生于道的习性，还指出了"蒺藜子"的特殊结构，能刺人的果实正是它成为众人怨愤的恶草的缘由，北方农村长大的人们多有切身感受。蒺藜的果实由 5 个分果瓣组成，每一个果瓣边缘都有 2 枚粗大而锐利的长刺，下面还有 2 枚小刺，无论从哪个方向面对它，都能感觉到一股让人无法靠近的敌意。蒺藜在《诗经》中的名字为"茨"："墙有茨，不可扫也。"《易经》中蒺藜是与困卦相对应的："困于石，据于蒺藜，入于其宫，不见其妻，凶。"暗中伤人的蒺藜自古以来就处在了美好事物的对立面，人们唯恐避之不及。"田父嗟胶漆，行人避蒺藜"，农人在田间劳作时总会与蒺藜不期而遇，夏季时略加小心尚能避开它的长刺，秋天枯死之后"蒺藜子"就变成了难以察觉的土白色，农人对它防不胜防，被扎伤后会有种肿胀的疼痛感。

如今，土生土长的蒺藜仍旧以同样的方式妨碍着庄稼生长和农夫耕作，而来自美洲大陆的另外一种"蒺藜"又混杂在进境的羊毛和粮谷中，于 20

浑身是刺的蒺藜果实

世纪进入国境，给我们本就不堪重负的土地又增添了新的压力。它们的果实与蒺藜有几分相似，浑身布满了粗细不均的尖刺，因此也被冠以"蒺藜"之名，称之为"蒺藜草"，但它的危害主要不在农田，而在草场，尤其是我国的放牧区。

　　一片美好的草原应该是由羊草属、羊茅属、针茅属或至少是芨芨草属植物组成的，牛羊和马匹在这片赏心悦目又营养丰富的草场上低头啃食，不远处有溪流蜿蜒，秋季时还有整齐的草垛静静地躺在草场上，映衬着落日余晖。这些美丽的画面是我们对辽阔的大草原的无限遐想和美好憧憬。然而从 20 世纪 40 年代开始，一个令人厌恶的外来物种从辽宁省进入了我国境内，这就是长期被误以为是"光梗蒺藜草""少花蒺藜草"或者"疏花蒺

在科尔沁草原，不断扩张的长刺蒺藜草仍然在伤害着这片草场

不慎走入被侵染的草场后沾满鞋底的刺蒺藜

藜草"的长刺蒺藜草（*Cenchrus longispinus*）。数十年后，在东北地区的一些草原区域，原本丰美的草场上滚满了不易察觉的小刺疙瘩，友善的禾草被挤了出去，牛羊也不见了踪影，若是有人不慎走进了这片草场，那等待他的将是满鞋底的刺蒺藜，这种刺虽然不如本土的蒺藜强硬，但造成的伤害有过之而无不及。

关于长刺蒺藜草的传入，有研究人员曾提出过三种可能的途径：一是自日本传入，1942 年日本侵华时在中国东北垦殖过程中无意带入，其繁殖后随着人们打草、放牧及风刮雨冲等迅速蔓延；二是随动植物引种时带入，尤其是引入种羊时带入；三是随车船带入[①]。鉴于它的果实在传播方式上与苍耳的相似性，随羊而来的可能性最大。在美国东部地区，长刺蒺藜草常分散地埋伏在公路两旁，沿途的拓荒者和牧民们早就将它带往了西部。根据可查到的标本记录，长刺蒺藜草最迟于 1933 年进入了意大利境内，随后在欧洲蔓延，现在已经成为北半球温带地区草场上的公害。

对于外来者的入侵，本土植物大多数都会经历一段艰难的适应期，最终双方是此消彼长还是达到新的平衡而相安无事，这需要漫长的时间来证明，但动物的反应是迅速的，生活在此的牲畜显然没有做好准备，"战斗"刚一开始就不得不选择逃离。

---

① 杜广明，曹凤芹，刘文斌等.辽宁省草场的少花蒺藜草及其危害.中国草地，1995, 3: 71-73.

长刺蒺藜草是禾本科的一员，一如小麦与水稻，但它的特别之处在于颖果的外面包裹着一身"盔甲"，植物学术语叫作刺状总苞，就像包围着苍耳瘦果的小刺球一样。这个圆球形的刺疙瘩表面有 40~50 根刺，细长如针，坚硬而锋利，犹如一个全副武装的士兵，保护着躲藏在"盔甲"里的两粒小小颖果。刺状总苞在长刺蒺藜草的拓殖过程中发挥了重要作用，它随着车轮的印迹闯入城镇，依附于牛羊之身穿越草原，混杂于羊毛商品里随货轮横跨海洋，也偷偷扎进行人的鞋底在田野乡村间穿行，不需要太长的时间，就能占领大片的土地。

对于植物来说，刺状总苞是传播利器，而对于在遭受其入侵的草场上生活的牲畜而言，则不亚于穿肠毒药。长刺蒺藜草的刺疙瘩从发育初期直至成熟都具有一定的隐蔽性，它们掩映在狭长的叶片之间，尤其在叶片幼嫩时极其不易察觉。这对不慎取食的羊来说简直就是噩梦，它们的口腔、食道和肠胃会被划伤，成熟的刺苞附着在肠胃等消化道的侧壁上，被黏膜

1 毫米

藏在长刺蒺藜草"盔甲"里的两粒小小的颖果

包围形成结节，会影响正常的消化吸收功能，造成畜体消瘦，严重的还会造成肠胃穿孔，最终导致牲畜死亡。有人对因此而死亡的羊进行剖检时发现，它们的胃里有许多大小不等的毛球，肠壁上也有大量的球状结节，可以想象整个死亡的过程都会带着剧烈的疼痛感。

这种直接伤害是羊群所不能忍受的，更何况坚硬的刺苞还能轻而易举地划破羊的皮肤，使羊不同程度地发生乳房炎、阴囊炎、蹄夹炎等，因此在草场恢复往日美好之前，牧民将不得不为羊群寻找另一片尚未被侵染的草场。20 世纪 80 年代，长刺蒺藜草通过发达的根系、强大的分蘖能力、高效的传播方式和持续且高达 80% 以上的种子萌发率，与其他牧草争夺阳光和水肥，使草场的品质下降、产量降低。在这种不对等的竞争中，本土的牧草很快就败下阵来。辽宁锦州地区的种畜场除河流、湖泊、低洼处之外，到处都分布着长刺蒺藜草，而且以大约 2.5 千米 / 年的速度向周围辐射蔓延。羊群充当了刺蒺藜的传播者，作为"回报"，刺蒺藜将羊身上的腹毛和腿毛刮走，并混入羊毛当中，这不仅影响羊毛产量和质量，也给毛纺厂加工带来很大困难。当地的畜牧业因此蒙受了不小的损失，在 20 世纪 90 年代，仅羊毛一项每年造成的损失就达 4 万多元。

在内蒙古、吉林和辽宁交界的广阔沙地和草原区域内，尤其是科尔沁草原，现在仍然在遭受长刺蒺藜草不断扩张所带来的伤害。然而在开花结果之前的幼苗期，它其实也是可以充当牧草的，各种草食动物都喜食而无危害，其叶片看起来与其他禾草并无太大差异，在牲畜的踩踏压力下，草场上几乎所有的禾草生长节奏都是一致的。它们同属于禾本科，营养器官太过相似，这也为它们之间的相互模仿奠定了遗传基础，不同禾草如果不开花则几乎无法鉴定——这可以看作是发生在草原上的一种拟态，它们直到秋初才会露出各自的真面目。同样，蒺藜草属不同植物的果实看起来也太过相似，即使是果实成熟之后仍然难以区分。

人们对于长刺蒺藜草其实有许多的误解，即使是专门从事草原植物研究以及草场保护的专家也不例外。长刺蒺藜草就像使用了障眼法，人们在很长一段时间里根本就没有真正认识它。关于它的中文名，从 1980 年《杂草种子图说》记载的"少花蒺藜草"开始，到 1982 年报道的辽宁植物新记录中的"疏花蒺藜草"，再到 1990 年出版的《中国植物志》中收录的"光梗蒺藜草"，一共出现过三个名称。后来的文献也都在这三者之间来回变换，很明显可以看出人们对其命名的迷茫和无所适从。相反，民间流传的俗称倒是十分稳定，牧民一般把这种植物叫作"草狗子"或"草蒺藜"。

从植物分类学的角度出发，不管中文名如何定夺，学名对于一个物种而言应该是唯一的，然而事实却是：这个分布于同一片区域的同一个物种拥有 5 个不同的学名！ 2005 年，国家林业局发布的文件《林业有害生物警示通报（2005 第 2 号）》中用的是 *Cenchrus incertus*，与"光梗蒺藜草"相对应，2014 年环境保护部颁布的《第三批中国外来入侵物种名单》中使用的则是 *Cenchrus pauciflorus*，与"少花蒺藜草"相对应。现在我们已经很清楚，只在山东和北京采到过极少数拥有扁平状刺而非针状刺的"光梗蒺藜草"标本，后来再也没有发现过；植株高大的"少花蒺藜草"从未在中国出现过，主要分布于印度尼西亚、澳大利亚和太平洋南部岛屿中。

有意思的是，2011 年曾经有一篇研究论文提到了长刺蒺藜草，但作者认为它"在中国尚无分布"。蒺藜草属植物一共约有 25 种，种类不算多，形态特征却非常相近，因此这种错误鉴定的情况时常存在，即使是在欧洲地中海地区，当地的研究人员也一度将它当作光梗蒺藜草。另外，在 20 世纪 30 年代初，我国南方地区也出现了一种"蒺藜草"，它的中文名就叫蒺藜草（*Cenchrus echinatus*），俗称"野巴夫草"。蒺藜草的刺疙瘩与长刺蒺藜草相

出现于南方的蒺藜草（左）和出现于东北草原的长刺蒺藜草（右）

比显得更加温和——刺苞基部的小刺柔韧而有弹性，不似钢针般坚硬锋利。但在当时却和所谓的"光梗蒺藜草"共用了一个学名，好在《中国植物志》及时澄清了这个误会。

由于地理条件的不同，南方的蒺藜草给畜牧业带来的影响不太明显，起伏的丘陵也有效阻挡了它的传播和定殖，但其成熟的刺苞给人们的生活造成的危害与北方的蒺藜草别无二致，被它刺伤后的伤口如果发炎，则需要忍受好几天的疼痛才能痊愈，我们一定不想在散步回来后看到满裤脚的刺疙瘩。蒺藜草非常适应沙地和草场的环境，在裸露或新开垦的土地上，它们甚至能起到"先锋植物"的作用，在稍显退化的草场上也能迅速占领其中的空隙。已经占领一方土地的仍然在试图向周围扩散，尚未进入国境的也在不停试探，在我国几个主要的农产品入境口岸中，检疫部门每年都会从羊毛、大豆、小麦或高粱中截获蒺藜草属植物的总苞。

在东北地区，为了消灭长刺蒺藜草，减轻并最终消除它所带来的危

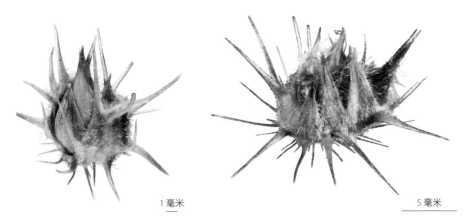

1毫米　　　　　　　　　　　　　　　　5毫米

长刺蒺藜草（左）的刺细长如针，坚硬而锋利；蒺藜草（右）的刺显得更加柔韧而有弹性

害，林草科技工作者尝试过许多方法，其中喷洒除草剂、刈割清穗和机械翻耕最为常用，也具有一定的治理效果，但依然难以抑制它的扩张。近年来，科研工作者与基层政府和相关企业合作，在内蒙古通辽市开鲁县试验了一种被称为"替代种植"的生物防治方法，他们选择的"替代者"是种子发芽率高的中科 1 号羊草，这是优良牧草羊草（*Leymus chinensis*）的众多品种之一。在长刺蒺藜草危害较为严重的草地上，通过采用直接播种和适时刈割的措施，只要控制好羊草的播种量，第二年害草的抑制率就达到了 78.01%，第三年有望彻底清除[①]，这使被侵染的草场或能重现牛羊成群的景象。

　　这种"以草治草"的方法在试验地显示出完美的效果，它让隐藏在草原上的刺疙瘩难以萌发，封杀了长刺蒺藜草的生存空间，或许可以成为未

---

① 刘辉，董晓兵，齐冬梅，等 . 羊草控制少花蒺藜草危害的技术研究 . 草原与草业，2022，34(1): 56-62.

在内蒙古，羊草作为"替代种植者"用于长刺蒺藜草的生物防治

来草原生态修复的示范案例，尤其是在遭受侵染比较严重的科尔沁草原。

　　先秦人民在感慨墙上的蒺藜"不可扫"的同时，也一定希望能够尽早清除与蒺藜一样的一切丑恶，《鄘风》中的比喻虽然有点绝对，但也表达出了人民朴素的情感，我们同样也在期待着草原恢复如初，牛羊不再遭受刺伤之苦。

凤眼莲

卡尔·冯·马修斯（C. F. P. von Martius），德国植物学家和探险家，主要关注巴西植物区系，此幅插画出自其著作《巴西植物新属和新种》，并作为凤眼莲的模式标本保存于德国慕尼黑植物园。

Carl Friedrich Philipp von Martius, Nova genera et species plantarum Brasiliensium, Plates *vol. 1 t. 4* (1824)

第六章

河流与湖泊中的漂泊者

相对于陆地生境，水体环境简单且脆弱，水生入侵者对水体环境的适应性和忍耐力超乎我们想象，以至于一旦遭到入侵，其风险便被无限放大，这也是水生入侵者破坏力巨大的原因之一。

满江红与槐叶蘋：
漂泊四海无所依

2004 年，维达 - 维京号（Vidar Viking）科学钻探船上的科考团队组织了名为"北极冰芯远征"（the Arctic Coring Expedition）的科考项目，他们在沉积层里钻取了距今约 5500 万—4500 万年前的古近纪沉积物，其中包含了一层厚度约数米至十数米的满江红残骸。科学家发现，从始新世中期（约5000 万年前）开始，大量自由漂浮的满江红就在北冰洋生长和繁殖，而到4900 万年前，地球的气候在短时间内突然就出现了拐点，发生了一次史诗级的转变，两者之间的关联一度引人猜疑。

5500 万年前，地球的大气中弥漫着大量的二氧化碳和甲烷，二氧化碳的浓度是今天的近 9 倍，这使当时的地球表面热浪滚滚，北冰洋的平均温度达到了 23℃，那时北冰洋尚未被冰雪覆盖，还是一片温和美丽的雨林，这次突发性的全球气候异常事件被地质学家称为"古新世 - 始新世极热事件"。

满江红的出现却一举扭转了气温不断上升的局面，改变了地球的气候历史，将我们的家园从"温室地球"拖入到了"冰室地球"时期。

始新世的北冰洋几乎被大陆所包围，那里水域宽阔、温度适宜，被阻断的洋流和丰沛的降水使洋面之上淡水汇聚，再加上大气中浓厚的二氧化碳，这一切都为满江红的生长提供了绝佳的环境。于是，各种满江红在一个广达400万平方千米的水面上爆发式繁殖与生长，地球的北端出现了一个巨型的"满江红沼泽"。满江红的生命结束之后，残骸便沉入了海底，彼时北冰洋被隔绝在北极，幽深的海底严重缺氧，沉入此地的尸骸因此无法被充分分解，满江红在它们短暂的生命中吸收的碳也就此被固定在海床之上，永远地封印在了当时的地层中。科学家们根据沉积物中满江红的厚度推算，这种漂浮植物在北冰洋持续疯长了将近80万年，直到北冰洋与邻近海域再

这些小型漂浮植物将鳞片似的叶片平整地铺在水面之上

次建立有效连接，从而导致地球表面的二氧化碳浓度降低了将近一半，温度也随之显著下降[①]。数十万年的岁月里，无穷无尽的满江红被锁在了深邃的北冰洋海底，"寒冰起于青萍之末"，此后地球逐渐进入了一场绵延至今的"寒潮"之中，北极由森林变为雪原，而冰河时代就是由满江红触发，因此这个逆转了地球升温趋势的事件被称为"满江红事件"。

满江红是一种生长与繁殖都依赖于水的蕨类植物，它身体细小，还将自己的基因组大小精简到了极致，只有其他陆生蕨类的 1/10 甚至 1%。在普遍喜爱阴湿环境的蕨类植物中，满江红罕见地只钟情于江河湖泊，它将自己直接抛进了水里，演化成为浮水植物。为了家族的壮大，满江红几乎把所有的资源都分配给了繁殖——它的细胞分裂速度冠绝整个植物界，只需几个昼夜就能让自己的数量翻一番，最终布满整个水面。

这些小型漂浮植物将鳞片似的叶片平平整整地铺在水面之上，水下有数根悬浮的根系，如此上可吸收二氧化碳以进行光合作用，下可直接吸收水里的养分，这种简洁的生存方式让它们得以在营养物质相对贫乏的水体中保持生机，而其强大的繁殖能力则要归功于一亿年前就与之建立共生关系的另一种生物——满江红鱼腥藻（*Anabaena azollae*）。为了呼吸与漂游，满江红的叶片里面自带小空腔，正是这些空腔接纳了具有高效固氮能力的鱼腥藻。满江红的叶腔内着生着许多特殊的腺毛，它们是两种生物之间物质沟通的桥梁，鱼腥藻将大气中的氮元素转化为能够被植物体吸收和利用的氮化合物，满江红则把营养物质和光合作用产生的糖类回馈给鱼腥藻，从而实现了互惠共生，也让满江红成为影响地球气候变迁的"史诗级

---

① Brinkhuis H, Schouten S, Collinson M E. Episodic fresh surface waters in the Eocene Arctic Ocean. Nature. 2006, 441(7093): 606-609.

物种"。

随着大陆板块的移动，北冰洋中的淡水层逐渐消失，生命力并不算顽强的满江红终究没有熬过高盐度的海水和日趋变冷的气温，只能将自己的遗迹留存于远古的地层中。在这些遗迹中，科学家们鉴别出了至少5种不同的满江红，并发现它们曾同时出现在北冰洋和欧洲的西北部[①]。这些远古时期的功勋在漫长的地质历史中早已灭绝，但它们的继承者今天还遍布在世界各地的淡水中，其中最为常见的一种是细叶满江红（*Azolla filiculoides*）。

现在普遍认为细叶满江红原产于南美洲北部至加拿大西部的落基山脉，然而若要论"祖籍"的话，欧洲大陆也是它的发源地之一。在位于法国南部梅多克地区（Médoc region）的更新世沉积物中，科学家们发现了细叶满江红的化石，当时梅多克地区的地质变迁比北冰洋更加彻底，形成了一个与海洋完全隔绝的淡水湖泊，细叶满江红就在此孕育，但在最近一次冰期中几乎全军覆没，幸存者都被遗留在了美洲大陆[②]。19世纪末，细叶满江红被引入英国和法国波尔多，随即遍布欧洲大陆，重现了往日风采。

作为一类能够固氮的植物，满江红对于农业有很大帮助，尤其适合养殖于水稻田中以增加土壤肥力。早在北魏时期，《齐民要术》中就介绍了在水稻田中将满江红用于堆肥的方法，名为"壅田"。古人称满江红为"萍"或"红萍"，在南方的稻作区常有"属各邑农人，多蓄萍以壅田"的记载，稻农将满江红播种于灌水的稻田中，待水稻接近成熟时将水放干，枯死的

---

① Barke J, van der Burgh J, van Konijnenburg-van Cittert J H A, et al. Coeval Eocene blooms of the freshwater fern *Azolla* in and around Arctic and Nordic seas. Palaeogeography, Palaeoclimatology, Palaeoecology, 2012, 337: 108-119.

② BO`Brien C E, Jones R L. Early and Middle Pleistocene vegetation of the Médoc region, southwest France. Journal of Quaternary Science, 2003, 18(6): 557-579.

满江红就将积累下来的氮元素释放到土壤当中供水稻使用，满江红俨然成了一种优质的天然绿肥。

千百年来与我们相伴的"红萍"是土生土长的满江红（*Azolla pinnata* subsp. *asiatica*），它的植株形状接近三角形，分枝规则而呈羽状，叶小如芝麻且紧密交叠。"芙蓉花发满江红"，秋冬时节，日照与气温的变化促使满江红叶片内产生大量花青素，从而呈现鲜艳的红色，当午后斜阳照进河道，红彤彤的水面会强烈地刺激我们的视觉神经。根据各地植物志书上的记载，满江红曾经广泛分布于南北各地，但现在已经很难在户外的水体中找到了，取而代之的是二叉状分枝、形状不规则的细叶满江红，它后来居上，

在南方的稻作区，稻农将满江红播种于灌水的稻田中

成为几乎遍布全国各地水田的"水面统治者"，也是世界上分布最广的蕨类植物。

1977 年，中国科学院植物所将细叶满江红从德国引入北京，并于同年年底分别在温州和广州进行养殖试验，结果发现在日平均温度 15℃~18℃条件下，它的繁殖速率和固氮能力都远远强于本土的满江红。这个结果对稻农来说是个好消息，大规模的引种养殖随之而来，细叶满江红也在稻田的灌溉过程中悄悄流进了沟渠，短时间内就在南方的淡水水域迅速扩散。它们细小的分枝向四周不断伸长和断裂，有性繁殖已经不那么重要了，相邻个体之间借此互相拥挤，不留一丝空隙，水平空间不足时便相互堆叠，在水面上形成几厘米厚的垫子。本土的满江红却受自身的几何形状与生长方式所限，根本无法与细叶满江红竞争，不得不接受被排挤的命运。在细叶满江红爆发的季节，一层厚厚的漂浮物填满了沟渠和池塘，再也难觅本土满江红那规则的三角形铺满水面的几何之美了。当它由绿转红时，充满水道的红色草垫极具视觉欺骗性，在疏于管理的城市公园中，曾发生过误将"满江红水道"当作塑胶跑道而不慎落水溺亡的悲惨事故。21 世纪后，有许多学者将细叶满江红列入了"入侵者"名单，但它造成的危害有多深还未得到很好的评估，毕竟其固氮能力曾经让稻农们欢欣鼓舞。

细叶满江红身体细小，当空间有限时，它们便相互堆叠，在水面上形成几厘米厚的垫子

细叶满江红爆发时，厚厚的漂浮物填满了沟渠和池塘

　　满江红属于槐叶蘋科，这个小型的家族大约有 20 个物种，还包括另一类同样生活在水中的植物——槐叶蘋，历史上的槐叶蘋不像满江红一样万古流芳，它们在中国的经历也沿着两条相反的故事线各自展开了——生活在中国水体中的满江红和槐叶蘋都只有两种，外来的细叶满江红击败了国产满江红；但外来的速生槐叶蘋（*Salvinia molesta*）至今仍无法真正成功定殖，本土的槐叶蘋（*Salvinia natans*）因此得到了喘息之机。

　　在生长初期，速生槐叶蘋与槐叶蘋之间几乎难以分辨，数对长圆形的叶片整齐地平铺在水面上，形如槐叶，叶片表面绒毛密布，利用水的表面张力使植株随波逐流。这两个物种之间的区别体现在成熟阶段，速生槐叶蘋的成熟叶片更加广阔且肥厚，由于增殖迅速，个体之间不断簇拥，使得叶片的边缘向内翻卷，像一对对毛茸茸的兔耳朵，俗称"兔耳萍"。此时叶片上表面突起的毛被已经十分清晰了，可以很清晰地看到上端有 3~4 个分叉，这些分叉于顶端愈合，像小笼子，又像是一个个悬挂着的打蛋器。而槐叶蘋的叶片在成熟时则平展或仅稍微卷曲，分叉的硬毛在末端也不黏合，就像是一个半成品。

远离南美洲的速生槐叶蘋给许多赤道附近的国家带来了无妄之灾。与满江红相比，覆盖面积更大的速生槐叶蘋可在水中形成约 1 米厚的草垫，这对水生生态系统，尤其是水下生物来说无疑是个噩耗，深厚的草垫还会阻隔水道和恶化水质进而影响渔业、灌溉与饮水质量，同时它还会携带一些病毒宿主，包括传播疟疾、登革热等疾病的蚊子和传播血吸虫病的蜗牛。20 世纪 80 年代，速生槐叶蘋在斯里兰卡逃逸之后，一年内就入侵了当地约 1 万公顷的水稻田和 900 公顷的河道，水稻生产与水上运输遭到严重打击，之后不久它又在东南亚、大洋洲和南非等地制造灾情，新几内亚岛上最长的河流——塞皮克河（Sepik）流域的一个村庄甚至在速生槐叶蘋的强势入侵下不得已整体搬离。2013 年，来自 63 个国家和地区的 650 多位学者将速生槐叶蘋列为"世界 100 种恶性外来入侵生物"之一，取代了曾名列其中的于 2010 年宣布在野外已被根除的牛瘟病毒（*Rinderpest virus*）。

相对于陆地生境，水体环境简单且脆弱，以至于一旦遭到入侵，其风险便被无限放大，这也是水生入侵者破坏力巨大的原因之一。速生槐叶蘋在中国最早出现在台湾，很有可能是 20 世纪末随着水族馆观赏植物的引入而被弃之于野外的，当地人都叫它作"人厌槐叶蘋"，台湾人民对待它的态度都体现在这个名字上了。其实在引入之初，就有学者撰文呼吁应重视它在台湾可能造成的危害，好在目前我国的水域还未被它过分光顾，除台湾之外仅在厦门、海南和香港的局部地区有发现。但考虑到它很早之前就已

槐叶蘋数对长圆形的叶片整齐地平铺在水面上

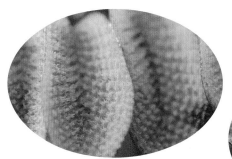

槐叶蘋叶片上的毛在先端分叉
而不黏合

速生槐叶蘋突起的毛像一个个悬
挂着的打蛋器

速生槐叶蘋叶片的边缘向内翻卷，
像一对对毛茸茸的兔耳朵

经在全球多个地区泛滥，因此我们没有理由对它放任不管，只要跨地区的植物交流活动不停止，风险就不会消失。

自速生槐叶蘋造成入侵危害之后，多年间世界多个国家尝试用物理、化学与生物等各种方法进行防除，却始终一筹莫展，尤其是在水体遭受大面积侵犯时，物理与化学方法不仅不切实际而且耗资巨大。经过长期的探索与试错，人们终于确定一种以速生槐叶蘋叶片为食的昆虫——槐叶蘋象鼻虫（Cyrtobagous salviniae），它作为入侵者的天敌被释放在南非、斯里兰卡和澳大利亚等多个国家的水域中，取得了意想不到的防治效果。根据不同的情况，各国都有了合适且非常成熟的防治体系，对速生槐叶蘋的生物防治也被视为世界范围内生物防治成功的典范之一。

然而，速生槐叶蘋的生物防治在成功之前经历了多次失败的历程，就像它的发现与命名过程一样充满曲折。除了叶片卷曲似漏勺的勺叶槐叶蘋（Salvinia cucullata）极具辨识度以外，其他多数都难以辨别，分类学家进行研究所依赖的具有孢子的标本又十分稀少，因此这个类群在分类学上是困难的。1935 年，当速生槐叶蘋开启快速拓殖之旅时，人们还误以为它是耳形槐叶蘋（Salvinia auriculata），或者是另外两个种的杂交种。错误的认识为受危害的地区带去了错误的"天敌"，植物之间的形态差别可以说是差之毫厘，而由此所带来的防治效果却失之千里。直到 1972 年，分类学家才通过对不同地区标本的研究，解开了其中的"物种秘密"，并根据孢子果的特征命名了一个新种，这就是被误会已久的速生槐叶蘋。依靠这条线索，人们最终于 1978 年在巴西南部发现了它的天然种群，同时也为防治它找到了正确的答案。

历时数十年的防治故事虽然充满坎坷，但还是得到了一个比较好的结果，毕竟水上入侵者向来都不够友好。细叶满江红和速生槐叶蘋都属于体型矮小的漂浮植物，似浮萍一般在水中漂泊无依，随水流而去，逐水而居，最喜流速缓慢的湖泊、池塘和沟渠，在波澜不惊的水面上繁衍生息，有时娇小可爱，有时泛滥成灾。它们的生长状态其实在很大程度上取决于人类的行为，因为污染的富营养化水体往往更容易和"爆发式生长"联系在一起。

我们不会忘记，满江红在几十万年的岁月里平静地为地球上的生命创造了繁衍的良机，同样也不能忽视，在现代社会中人类的"超自然"活动所带来的一系列生态问题，这些问题通过一些植物的泛滥展现出来。因此，对于生物的入侵，或许最该反思的是我们自己的日常行为。

勺叶槐叶蘋的叶片向内卷曲，如一个个圆形的小漏勺

凤眼莲与大藻：
扬帆远航掠江河

1884 年，在美国路易斯安那州新奥尔良举办的国际棉花博览会上，一种被誉为"美化世界的淡紫色花冠"的植物吸引了与会者的注意，从那以后，这种富有魅力的植物开始踏上"美化世界"的旅途。20 世纪初，美国南部各州大肆传播，成了一个麻烦的问题，几乎在同一时期，它的淡紫色花冠也在其他大陆的热带地区开放了，甚至偶尔出现在南北半球 40°及以上的地区。这种美丽的，同时也被列入了"世界 100 种恶性外来入侵生物"名单中的植物就是凤眼莲（*Eichhornia crassipes*），另一个我们更为耳熟能详的名字是"水葫芦"，国际通用名为 water hyacinth，即"水生风信子"。确实，凤眼莲就像是在水中绽放的浪漫而轻柔的风信子（*Hyacinthus orientalis*）一样惹人喜爱。

或许是因为它的美丽，又或许是因为它的实用价值，更或许是因为它所带来的生态灾难，很多人对凤眼莲并不陌生。可能使用"灾难"一词有点夸张，但是不得不承认，一直以来关于凤眼莲在世界各地造成危害的报道层出不穷，以至于许多媒体都曾使用"生态战争""水中恶魔"等极富煽动性且带有强烈感情色彩的词汇来描述。但在另一方面，它的美丽让人忍不住有想要在水缸里养殖的冲动，许多与水生植物有关的展览会上也都有凤眼莲的身影，而它那比任何水草都要强大的重金属富集能力，又使它在水体修复中体现出了巨大的价值。因此，我们对待凤眼莲的态度是纠结的，感情是复杂的，公众在讨厌它的泛滥之余也不忘夸赞它的娇美，生态修复者则会感慨于它的富集能力，认为它是自然的恩赐，在治理水污染这个目标中视其为"同盟军"而非"入侵者"。

在 19 世纪之前，凤眼莲只生活在南美洲的亚马孙河流域，优良的水质和众多以此为食的昆虫使凤眼莲种群维持在一个非常安全的水平，它们随着河水的涨落动态变化，却始终不越界。19 世纪末，它被带到了澳大利亚和日本，1901 年，作为一种新奇的水生观赏植物，凤眼莲从日本东京被带往了中国台湾。两年后，有人从香港把它引进了自家花园，又过了一年，另一个人同样在香港注意到了这种开淡紫色花的植物，随即把它带到了斯里兰卡。之后的数十年间，在南亚和东南亚地区，凤眼莲从受欢迎的植物逐渐演变成了麻烦制造者。

凤眼莲淡紫色花被的正中央有一块明黄色的色斑，形如"凤眼"

但在引入之初，那迷人的花冠配上膨大似葫芦的叶柄，在平静的水面上漫无目的地漂荡，让人感到一种静谧的美好，难怪有人说它"在绿林碧水间漂浮，安静得宛如熟睡的婴儿"。

凤眼莲的花如风信子一样，由十数朵小花组成一个穗状花序，每年夏季一串串蓝紫色或淡紫色的花从绿叶丛中抽出，借着粗壮的花序梗挺立在水面上。最上方的一枚花被裂片四周呈淡紫红色，中间蓝色，深蓝色的脉纹自基部发散而出，正中央有一块明黄色的色斑，犹如一团燃烧的火焰坠入了花丛中，酷似"凤眼"，俯视着下方六枚毛茸茸的、长短不一的雄蕊，因此又得名"凤眼蓝"。在亚马孙河流域，每当凤眼莲进入开花末期，花序梗就向下弯曲并一头扎入水里，待果实成熟之后在水下将种子释放出去，随着水流四处传播。每个果实可以产生约 300 粒种子，部分种子会立即萌发，遇到河水干涸等不利于萌发的恶劣条件时，种子则进入休眠状态，但它们的活力可以保持 15~20 年之久[1]。然而在中国，如此具有吸引力的花却收获不到与之相匹配的果实，能够产生种子的种群都分布在华南和西南地区，比如滇池，但数量十分稀少，结实率极低，约为 5%~10%[2]，它们将能够获取到的资源都分配给了另外一种更为简单且高效的繁殖方式——克隆繁殖。

在大多数地区，凤眼莲建立并扩张种群的最主要方式是克隆繁殖。其叶柄最基部的腋芽会周期性地发育为匍匐茎，这根细长的茎在生长季节快速地水平伸长，并产生新的子代植株，只需些许涟漪就能促成幼株和母株

---

[1] Forno I W, Wright A D. The biology of Australia weeds 5: *Echinornia crassipes* (Mart.) Solms. Journal of Australian Institute of Agricultural Science, 1981, 47: 21-28.

[2] 张迎颖，吴富勤，张志勇，等. 凤眼莲有性繁殖与种子结构及其活力研究. 南京农业大学学报，2012, 35(1): 135-138.

的分离。它们的主茎极短，叶片在上面丛生成莲座状，基部被鞘状苞片所包围，叶柄中部葫芦状的气囊非常松软，里面充满了大大小小的气室，不仅具有通气的作用，还能够支撑起整个圆圆的叶片，使其直立生长于水上，以确保能够更高效地进行光合作用。凤眼莲上端的叶片宽大舒展，在膨大的叶柄支撑下犹如船帆，每一个新生的植株正是借此扬帆起航，栉风沐雨，为种族的发展壮大不断努力。

克隆繁殖造成的后果就是所有个体在遗传上的均一化，凤眼莲是如此的统一而单调。在中国，大约 80% 的种群都是由单个克隆组成，显示出极低的遗传多样性，并且几乎没有分化，仅仅在西南地区的那些能够结出果实的种群中显示出了一些与众不同的特征。在几乎没有任何天敌的环境中，这种以牺牲多样化来换取数量上迅速增长的模式无疑具有巨大的优势——在风浪较小且水面平稳的地方，凤眼莲要想实现数量或生物量上翻倍仅需 6~15 天。因此，对于凤眼莲在夏季时突然覆盖某处水面的情况，人们常常用"爆发式生长"来描述，就像受到了突然袭击，对它们铺天盖地式的到来没有丝毫准备。

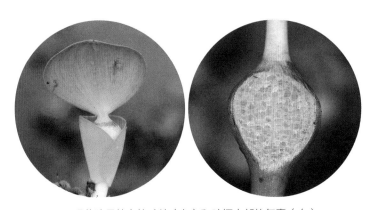

凤眼莲独具特点的叶片（左）和叶柄中部的气囊（右）

在大多数地区，凤眼莲通过细长的匍匐茎进行克隆繁殖

　　作为一种浮水植物，凤眼莲发达的须根直接悬浮在水中，用来吸收营养物质，而在浅水区域或者逐渐干涸的河床上，它们也能浅浅地抓住淤泥，在水体边缘裸露的泥土上生长，当水位再度上升时，在波浪的推动下又能自由漂浮。高含量的叶绿素使得凤眼莲的叶子呈现深绿色，保证了更加高效的光合效率，能使生物量每天增加 12%，在一些被污染的氮磷含量高的水体里，丰富的营养物质促使它们快速繁殖，并让最终爆发成为可能。凤眼莲的植株形态可以随环境的不同而发生变化，在开阔的水域，它们的叶片铺散且饱满，当空间受限时，它们好像是感知到了自己不再需要船帆般的叶片，叶柄的中间便不再膨大，而是笔挺挺地向上伸展，整个群体疯也似的直立生长，高度竟然可达 1 米以上，相邻的叶片之间相互重叠，在有

在开阔的水域，凤眼莲的叶片铺散而饱满　　当空间受限时，凤眼莲的叶片便笔挺挺地向
上伸展，整个群体疯也似的直立生长

限的空间内它们不愿放过任何可供利用的缝隙。

　　凤眼莲的泛滥是与水污染的扩张紧密相伴的。其生长对水体的养分含量非常敏感，水体富营养化不仅仅是蓝藻爆发的罪魁祸首，同样也是凤眼莲快速繁殖的诱因。当城市管道把带有泡沫的污水注入河流中后，流淌的深绿色河水中就再也不能清澈见底了，有时还能闻到一股恶臭，而这样的环境却能大大提高凤眼莲植株的克隆分株数、平均株高以及总生物量，于是爆发式生长和严重入侵的画面就出现了。水生入侵者对水体环境的适应性和忍耐力超乎我们想象，由此所造成的危害在世界各地不断被提及，凤眼莲也因此成为"全民公敌"，人们同仇敌忾，誓要消除隐患，却忽视了自己才是为它们创造良好生长条件的帮手。

　　如同速生槐叶蘋在热带地区所造成的威胁，凤眼莲危害生态的方式与之大同小异，诸如妨碍本土水生动植物的生长、影响河流景观、堵塞河道、损害养殖业发展、滋生蚊虫威胁人类健康等。在凤眼莲入侵最严重的时刻，渔业遭受巨大的打击，也曾发生过整个村庄不得已搬离的事件，诸如此类

凤眼莲的爆发式生长是与水污染的扩张紧密相伴的

的损失并不只是新闻里冷冰冰的文字和数据，而是许多人都亲身经历过的，至少也是亲眼看见过的真实事件，因为凤眼莲的入侵范围实在过于广泛，人们不可能对此熟视无睹。从 20 世纪初开始，凤眼莲就被认定为恶性杂草，斐济于 1923 年 1 月将它列为有害杂草，并宣布私自种植是非法的，澳大利亚和南非也明确表示禁止携带凤眼莲入境，有些地方性法规甚至更加严厉，要求一旦发现则必须销毁。

为了清除侵占河道和湖泊的凤眼莲，每年至少一次的打捞活动让水利部门付出了巨大的精力，后续的处理也会耗费高昂的成本。近年来，常有报道称长江流域的部分地区曾累计出动数万艘船只，打捞出十几万吨凤眼莲，害草的治理初见成效，但每年仍有凤眼莲疯狂蔓延的新闻见诸报端。

目前人工或机械打捞依然是通用的办法，最佳打捞时期为凤眼莲生长季节之前的 12 月至翌年 6 月，往水里喷洒农药容易造成水体的二次污染，因此有所忌惮；而生物防治在中国并未得到推广，主要是因为引入的昆虫无法正常越冬，且后果难以预料。其实无数的研究和实践已经证明，水体富营养化和缺乏天敌是凤眼莲爆发的主要原因，因此控制污染物排放、在特定区域提高排放标准以及管理好水体对抑制凤眼莲的生长具有非常积极的作用。

　　凤眼莲受到如此高的关注不仅是因为它在水资源管理中造成的严重问题，还因为它作为一种资源可用于动物饲料、堆肥、造纸、能源、工艺品制作以及水污染治理等。有人发现在同等条件下，凤眼莲对污水中的氮磷元素以及镉、铅、汞、铬等重金属元素的吸收能力都优于所有其他水草，这时它的角色摇身一变成了净化水质的"生态功臣"。然而，凤眼莲植株的含水量高达 90% 以上，脱水处理是对其后续资源化、无害化利用的关键，也是制约其后续处理的瓶颈，这动摇了它作为"生态功臣"的地位，将所有"毒物"都吸入己身的凤眼莲最终该如何处理依然是个难题，我们只能寄希望于未来，期待能够探索出一种成本低廉又简便易行的方法。至于凤眼莲在其他方面的用途，其实早在几十年前人们就已经尝试过。20 世纪中期，在我国粮食极度短缺的时代，农民们种植凤眼莲来喂猪和鸭子，随后被作为饲料大面积推广，放养于南方的湖塘水泊。80 年代后饲料厂逐渐增多，人们不再用它作天然植物饲料，且由于营养价值低等原因而弃之如敝屣，正是这种放任不管最终导致了大范围严重的农业和生态问题。几十年过去了，在商机稍纵即逝的现代社会，凤眼莲的这么多用途至今也没有任何一项能够成功地规模化或产业化，"治理"的呼声仍然盖过了"利用"。对此，印度植物学家布里杰·戈帕尔（Brij Gopal）在他最受欢迎的著作

《水葫芦》（*Water hyacinth*，1987）中如是写道："只有寻求对凤眼莲的有效控制，而不是利用它，才能维护人类的利益。"

无独有偶，江河湖泊中还漂浮着另一种境遇与凤眼莲十分类似的植物，它也曾被当作水生观赏植物引种栽培，在 20 世纪 50 年代也被作为猪饲料在一定范围内推广，它的根系庞大，甚至是凤眼莲的数倍，因此也被视为污水治理的理想材料，但同样都存在入侵并面临治理的问题。这个物种就是俗称"水白菜"的大薸（*Pistia stratiotes*），国际通用名为 water lettuce，即水生菜，显然这是针对它的叶片形态所拟的名字。大薸的叶子亦如凤眼莲般在极短的茎上簇生成莲座状，叶片的先端浑圆，十几条叶脉扇状伸展，背面明显隆起成褶皱状，浑身布满了短绒毛，从外形上看恰似一棵棵白菜或生菜浮在水中。片片"扇叶"斜立在水上时，也能起到船帆的作用，助其顺风远航。

与拥有美丽花被的凤眼莲不同，属于天南星科的大薸只在叶片的深处隐藏着数朵毫不起眼的花朵，严谨的说法应该是被佛焰苞包围的肉穗花序。

大薸的根系异常庞大，其叶片宽大浑圆，恰似一棵棵白菜或生菜浮在水中

佛焰苞是天南星科植物中最为常见的一种奇特结构，这是一种形状特异的大型总苞片，形似庙里供奉佛祖的烛台，因此得名"佛焰苞"。许多天南星科植物都具有硕大且多彩的佛焰苞，而大薸的却只有小拇指大小，中下部缢缩形成了一个"8"字形，颜色是最为平淡的白色，外围密布一层厚厚的绒毛，粗短的肉穗花序就着生在里面，七八朵雄花围成一圈住在上部的大圈里，一朵雌花住在下部的小圈里。它没有花冠，"佛焰"也不精致，唯一色彩鲜明的是黄色的雄蕊。它仲夏开花，秋末结果，但在中国的种群里很难观察到它的种子。它的果实被称为浆果，一个泡泡状的松软的果实里住着二三十粒圆柱形的种子。在美国佛罗里达州，种子的数量是影响大薸种群动态的重要因素，在一个布满大薸的池塘里，底泥沉积物中的种子密度

大薸主要依靠克隆繁殖快速扩张，它的花只有小拇指大小，中下部缢缩，形成一个"8"字形

可达 4196 粒 / 平方米[1]，而在中国，大薸则和凤眼莲一样主要以克隆繁殖维持种群。有一年夏季，我在一个 30 平方米左右的小池塘中投入了 10 株正在蓬勃生长的大薸，想检验一下它克隆繁殖的能力，结果不到一个月的时间整个池塘就被大薸完全覆盖，繁殖速率已经可以比肩凤眼莲，这也是许多国家和地区将它列入入侵植物名单中的原因之一。

能够产生种子的大薸种群集中分布于美洲，而且拥有较高的遗传多样性，所以一般认为它原产于美洲大陆的淡水系统，但其确切原产地至今仍不确定。大薸的分布范围自发现之初就已十分广泛，不像凤眼莲一样具有清晰的传播历史，加之它并没有在地层中留下有价值的化石线索，因此有人大而化之地认为大薸并没有原产地之说，就像芦苇（*Phragmites australis*）一样，全世界都是它的原产地。后来，科学家们找到了与大薸关系最近的几个亲戚的叶片化石，它们被分散地埋藏在欧洲、哈萨克斯坦、美国的北达科他州和田纳西州，距今已有 6000 万年，他们据此推测大薸属很可能起源于古老的特提斯地区[2]。很遗憾，这个结果对我们确定大薸的原产地并没有什么助益。

若论亲缘关系，大薸属在天南星科中的位置是十分尴尬的，在浮萍科植物被纳入天南星科之前，大薸是整个家族中仅存的漂浮植物。在现存植物当中与它关系"亲密"的类群其实已经非常疏远了，因为大薸真正的亲戚早已如满江红的祖先一样在恶劣的环境下灭绝了，现在我们看到的大薸

---

[1] Dray F A, Center T D. Seed production by *Pistia stratiotes* L. (water lettuce) in the United States. Aquatic Botany, 1989, 33(1): 155-160.

[2] Renner S S, Zhang L B. Biogeography of the *Pistia* clade (Araceae): based on chloroplast and mitochondrial DNA sequences and Bayesian divergence time inference. Systematic Biology, 2004, 53(3): 422-432.

在南京的某公园内，有人将大薸打捞上来当"水白菜"售卖

是在独特或孤立的栖息地中幸存下来的遗孤。19世纪末，人们先后在南非和澳大利亚发现了它们的野生种群，或许它们原本就生活于此，也可能是后来随着人们的迁移才来到了此地。但对于中国而言，可以确定大薸为外来物种，最早的记录源自1903年的广州黄埔，之后才开始不断有大薸在中国各地分布的信息，至于许多人认为的《本草纲目》中"大萍"即大薸的说法，实际上本是个不该发生的误会，因为"叶圆，阔寸许""五月有花白色"的植物绝非大薸。

进入新世纪，威胁农业和生态安全的生物入侵现象得到了更多的重视，国家林业和草原局启动"互花米草可持续治理技术研发"应急揭榜挂帅项目之后，凤眼莲的全面防治也提上了日程，习性与危害与之相似的大薸也被纳入了其中。与此同时，我们更应注意到水污染的全面治理才是解决问题的关键。在水质良好、水体清澈且原生生态保持完整的环境之中，凤眼莲与大薸的出现非但不会造成威胁，还能为干净的水面平添几分生机，我们也可以心无旁骛地欣赏这"美化世界的淡紫色花冠"！

经过许久的等待，我们的科研苗圃总算是落实了，对于研究植物入侵生物学的科研工作者而言，拥有一块可供自由开垦的土地具有重要的意义。想要更加清楚而直观地了解入侵植物的特性，我们就必须将目光从实验室转向田间，从人造的理想环境回归到风吹日晒的土地上。我们费了一周的时间将这块半亩见方的土地翻耕了一次，拣出了几十公斤重的碎石和砖块，然后整地作畦，终于赶上了大多数植物生长季节的末班车，为此我们欢欣鼓舞。又用了三天时间，大家小心翼翼地将苗床上幼嫩的小苗移栽到了土里，就像农人将种子播下之后期待收获的心情一样，我们也希望种下的小苗能够茁壮成长，尽管它们都是不受农人欢迎的入侵植物。

为了了解入侵物种与本地近缘物种之间的竞争效应，我们分别将鬼针草（*Bidens pilosa*）和金盏银盘（*Bidens biternata*）、少花龙葵（*Solanum americanum*）和龙葵（*Solanum nigrum*）、柳叶马鞭草（*Verbena bonariensis*）和 马 鞭 草（*Verbena officinalis*）、北 美 车 前（*Plantago virginica*）和 车 前（*Plantago asiatica*）种在了相互隔开的几块土地上，让它们在一致的环境条件下生长并相互角逐，每隔一段时间测量它们的生长状况，以此分析各自的竞争能力。这就是大约一个世纪前就已被提出的一种经典生物学研究方法——同质园实验。一周之后，意想不到的事情发生了，种下的幼苗还未站稳脚跟，一种沿着地表不断蔓延的植物却强势占领了整片土地。繁茂的茎叶覆盖在幼苗周围，我尝试徒手将它拔起，只听见一声清脆的茎干断裂的声音，它的节连带着上面着生的根与芽还留在土里，完好无损。于是我用锄头将它连根挖起，壮观的一幕发生了——土表以下密布着一根根淡红色的横走茎，它们生长在拇指粗的黄色主根上，这是储藏根，当受到干扰或刺激时可产生大量的芽。主根与横走茎在土中蜿蜒，地上茎在地表舒展，连同每个节都有的发达的根系一起，在被它所占据的土地上纵横交错，如

空心莲子草的黄色主根上生长着大量横走茎

雌蕊中的胚珠通常不发育，因而无法产生种子

同织就了一张密不透风的网。我想此刻生长在它周围的幼苗肯定如我一样，有一股沉重的窒息感，当我在努力清除这种植物时，旁边的一位环卫工人对我说："这种草叫革命草，是我们最恼火的一种草，它是会'吃'庄稼的！"

这种草就是原产于南美洲巴拉那河（Parana river）流域水陆两栖的空心莲子草（*Alternanthera philoxeroides*），它对环境中的水分梯度具有高度的适应性，通常被划分为水生型和陆生型两类，尽管不是典型的旱生植物，它却能够忍受长时间的干燥，因此常被称为"喜旱莲子草"。实际上，空心莲子草在不同环境下茎和叶的解剖结构存在显著差异，它并不喜旱，对干燥的忍耐是它具有强大适应能力的体现，相反，它其实更喜爱水湿环境。中空的茎和发达的通气组织使它可以像水生植物甚至沉水植物一样在水体中生长，在各种淡水生态系统的水陆交界区域，移动缓慢的浅层水体中，甚至偏碱性的海岸带都有它的身影。

空心莲子草种群像一块被精心裁剪过的绿色幕布一样覆盖在水面上，它们将一半以上的身体浸泡在水里，只露出上面几对交互对生的绿叶

夏天，空心莲子草在河道或池塘中以极快的速度建立种群，形成密集的草垫子。我们经常可以看见它的种群像一块被精心裁剪过的绿色幕布一样，恰到好处地覆盖在水面上。它们将一半以上的身体浸泡在水里，只露出上面几对交互对生的绿叶，中间点缀着一个个白色的小球，这是由几十朵白色小花组成的头状花序。然而，从花药中释放的新鲜花粉粒因在发育后期大量解体而失去活性，雌蕊中胚珠的发育也不完全，无法产生种子，因此在繁殖方面空心莲子草和凤眼莲如出一辙，以牺牲自身种族的遗传多样性为代价，用最简洁高效的方法快速克隆出无数个自己。

冬季的严寒让空心莲子草的生长繁殖按下了暂停键，绿叶与茎段变得枯黄，并逐渐在水中腐烂，但略微膨大的茎节却始终保持着饱满的状态，

空心莲子草的花是由几十朵白色小花组成的头状花序

它们脱离了母株的束缚，悬浮在水面附近，随着波浪四处流动。这段茎节就是新生命的开始，入侵生物学家称之为一个新的侵染源，在合适的温度下，将它放入水中二至三天后，就有腋芽开始萌动，同时产生大量不定根。更加令人惊叹的是，只要它的个体生物量超过 0.1 克，或者繁殖体的大小超过 0.06 克，就可以形成新的无性分株[①]，频繁发生的人类活动和湍急的水流也并不影响它的繁殖、更新和生长，反而有助于它不断拓展领地。

　　始终保持活力的带节茎段是空心莲子草在水中传播的关键，它酷爱水湿环境，因此其身体结构和繁殖策略看上去就是为"水生"而量身打造的，

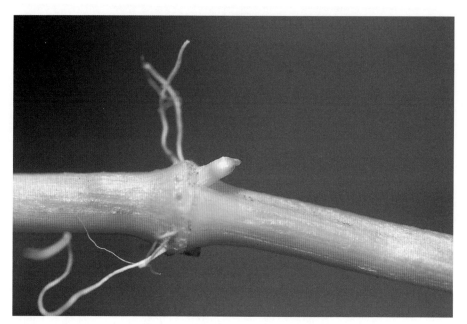

空心莲子草的每一个带节茎段就是一个繁殖体，具有强大的传播与再生能力

---

① 潘晓云，耿宇鹏，Sosa A，等 . 入侵植物喜旱莲子草——生物学、生态学及管理 . 植物分类学报，2007, 45(6): 884-900.

这样的适应方式为它走出南美洲立下了汗马功劳。1897年，美国官方首次宣布空心莲子草在亚拉巴马州的莫比尔（Mobile）有分布，并认为极有可能是植株的茎段随着船舶的压舱水进入港口码头，到了20世纪早期就被认为是一种威胁了，而随着航运的全球化，它已经逐渐在全球各大洲找到了自己的安身立命之所。因此，尽管空心莲子草不是严格意义上的漂浮植物，但考虑到水流在它整个生命史中的重要性，我更倾向于将它描述为河流与湖泊中的漂泊者。

1930年，植物采集者在宁波的某条河道中进行植物调查工作时，发现并采集了我国第一份空心莲子草的标本，3年之后它便频繁出没于上海的水道中。现在这份标本静静地躺在浙江自然博物馆植物标本室中，带着细长总花梗的球状花序依然清晰可见，节上残留的许多不定根证明它当时已经在此定居了。我们可以大胆推测，它的到来很有可能要归功于在宁波港繁忙穿梭的船舶。此外还有一种更加流行的观点，空心莲子草在1940年抗日战争期间由日本人作为军马饲料引种至上海郊县，而后逸生，这意味着海外的空心莲子草不止一次闯入我国境内。

20世纪50年代初，随着我国养猪事业的发展，空心莲子草迎来了一波由人类主动介导的扩张，它被逐步推广并人工放养至长江流域各省市，尤其是江浙地区。在50年代中期的浙江鄞县，空心莲子草还曾被作为稻田的覆盖物使用过，但在经过秧田育秧试验之后，农业工作者发现"革命草是不适宜作为覆盖的"，而且当时在个别地区已经造成了草害。十年后，"大养革命草以解决猪、羊饲草已成为广大群众的自觉要求"，当时有不少的报刊都会介绍"革命草的养殖经验"，此时仅嘉兴地区空心莲子草的种植面积就占全区可用水面的80%。对低成本的天然饲料的追求是当时我国的农业实际情况所决定的，对粮食与肉类高产的期许赋予了人们高涨的热情，而

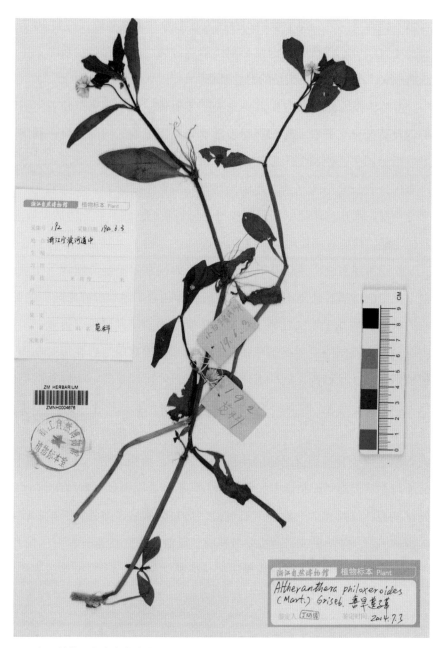

1930 年，植物采集者在宁波发现并采集了我国第一份空心莲子草的标本

意想不到的是，空心莲子草趁此良机大量逃逸并迅速蔓延。直到 80 年代之后，才有学者专门撰文讨论空心莲子草的危害，指出它已在我国不少地区泛滥成灾，成为"令人头痛的恶性杂草"。

得益于强大的生命力和近乎完美的传播体，空心莲子草随着河流、船舶以及蒸蒸日上的农业和园林建设活动有条不紊地向内陆扩张。利用生态气候指标和生态位模型所做的预测显示，它的潜在入侵区域远大于其实际分布区，仅东北地区、西北地区、西藏和海南不适合它生长。然而，近年来它相继在海南和新疆的出现却像是在告诉我们，它具有无限的发展潜力，我们也是时候要对评估模型进行改进了。

我们虽然对空心莲子草的习性已经了如指掌，但茎节埋藏于土里或隐匿于水中的传播方式是不易察觉的，因此伴随着"建设美好家园"的脚步，它的快速扩散几乎无法杜绝。群体遗传学方面的研究已经告诉我们，如今广泛分布于我国的空心莲子草就是当初来到中国定居之后在短时期内大量传播造成的，且种群之间的遗传多样性很低，可能是同一无性系的克隆后代[①]。目前在华南、西南和华东地区，乃至整个长江中下游流域都是空心莲子草入侵的重灾区，完全可以用"无处不在"来形容。现在，一些大型城市的土壤改良项目又为它的传播开辟了一条新的道路。有理由相信，它之所以在我们的科研苗圃中如此猖獗，是因为其繁殖体早就埋伏在土壤中，而这些泥泞又富含碎石块的"改良土"极有可能来自某处被开挖的池塘或疏浚的河道，池塘里或河道边曾经铺满了绿油油的空心莲子草。

现在空心莲子草已经成为世界公认的恶性杂草，超过 30 个国家将它列

---

① Xu C Y, Zhang W J, Fu C Z, et al. Genetic diversity of alligator weed in China by RAPD analysis. Biodiversity & Conservation, 2003, 12: 637-645.

在上海的某处公园里，空心莲子草侵入了种植着睡莲的水体

入了黑名单，在澳大利亚昆士兰公布的 200 个最具侵害性的植物当中名列前茅，我国农林部门也将它列入了需要重点管控的外来入侵物种名单之中。空心莲子草对环境、经济和社会等所造成的影响已无须赘述，它威胁的不仅仅是水道畅通和水生植物的多样性，还包括作物和蔬菜的收成、城市绿地的养护以及苗圃的管理，在公众媒体和相关的研究论文中可以找到大量的数据以证明它强大的破坏力。世界各地的科学家和管理者为了研究它的入侵机制投入了巨额的科研经费，因治理所花费的代价也异常昂贵。

美国是最早被空心莲子草入侵的国家，也最先对它制定了防治措施。20 世纪 50 年代，他们曾对被入侵的封闭水面喷洒大量的除草剂，澳大利亚于 1972 年也采取了同样的办法，但效果均不理想。因为除草剂只在短期内对水面以上或地上部分有效，而那些可再生新植株的关键部位都隐藏在除草剂难以有效接触的地方，更何况农药的大量使用对自然水体本就具有巨大的威胁，因此后来他们转而采用生物防治的手段。来自南美洲的昆虫不止一次让人们看到了入侵植物防治的希望，空心莲子草则是被美国农业部门选定的第一个采用生物方法来防控的水生植物。经过多年的研究和试验，他们找到了几种防治效果较好的天敌昆虫：莲草直胸跳甲（*Agasicles hygrophila*）、斑螟（*Arcola malloi*）、蓟马（*Amynothrips andersoni*）和阿根廷跳甲（*Disonycha argentinensis*），另外一些微生物如假隔链格孢菌也有一定的效果。

我国研究与应用最广、释放最多的昆虫是莲草直胸跳甲，它在长江流域的分布范围几乎与其啃食对象持平。然而生物防治对于陆生型空心莲子草来说效果甚微，喷洒农药和机械挖除仍是主要手段，而且就我们对水生型空心莲子草的直观感受而言，它的覆盖范围和扩散速度似乎并没有因天敌昆虫的到来而有所改变。在许多地方，陆生型空心莲子草所带来的危害是胜过水生型的，它无限延长的茎对耕地始终是个麻烦。我们都知道彻底清除空心莲子草的地下部分是解决问题的关键，但在苗圃中面对着将要被它吞噬的幼苗时，我也想不出什么行之有效的手段，只好一遍又一遍地挥舞着手里的锄头，直到将它的数量控制在能接受的范围内，然而一想到在不久的将来它又会重整旗鼓、卷土重来时，我顿感此刻的劳作失去了意义。

和许多其他杂草一样，空心莲子草也善于在荒芜的土地上扎根，在农田的空闲处生长，其地下茎不断向周围的土壤中渗透，连相邻植物根系间的夹缝都不放过。它的到来无疑妨碍了我们的种植计划，扰乱了原本干净整齐的田地，为了对付它需要巨大的额外付出。同时，我们也惊叹于它那不加雕琢的蓬勃生机，那位于节处的芽可在 10~40℃ 范围内正常萌发与生长，几乎没有什么生境能够难倒它。我们虽然憎恨，但也需正视空心莲子草的繁茂昌盛，在人类的辅助下，它们通过自身的努力在有限的土地上争得了一席之地。我们的态度也许应如英国博物学作家理查德·梅比在《杂草的故事》中叙述的一样："我们倘若审视一下长久以来人类与杂草爱恨交织的历史，思忖杂草在整个生态格局中的角色，可能会得到新的启发。"

空心莲子草的到来无疑妨碍了我们的种植计划，扰乱了原本干净整齐的田地

垂序商陆

《美国鸟类》是美国博物学家兼画家奥杜邦（J. J. Audubon）撰写的一部著作，包含了美国各种鸟类的插图，这里所描绘的是食虫莺（Worm-eating warbler）站在枝头取食垂序商陆浆果的画面。

John James Audubon, The Birds of America *t. 34* (1826—1838)

第七章

街头巷尾的旅行者

有些物种持续出现在我们悉心护理的土地上，像挥之不去的伤疤，给草坪事业和街边绿化带来了很大麻烦。

有些物种即使逃离了花盆，占据附近的空地，偶尔还会登上残败的土墙，人们却会由衷地喜爱它们为这破败的景象带来的一丝美感。

当跨越大洋的物种迁移变得迅速且不可避免时，人类与植物、植物与动物之间的故事也会越来越复杂。

当温暖的阳光毫不吝啬地洒在已然泛绿的土地上，映照着点缀在绿色草垫上的淡蓝色小花，这才让人感觉到冬天已经过去，春天正在赶来。这些精致可爱的小花叫作阿拉伯婆婆纳（*Veronica persica*），也叫波斯婆婆纳，是它们最先给人们带来初春的喜人气息。随着气温不断爬升，它们进入盛花期，从初春的点点繁星变成蓝色海洋，造就了每年开春后的第一片花海，铺在大地上的蓝色花毯像极了小时候的小碎花床单。

在开花之前，阿拉伯婆婆纳从每年的十月份之后就开始陆续萌生新苗，在植物学书籍里，它被描述为二年生或越年生草本，在整个冬季都保持着深绿色，只有零下的严寒能将部分枝叶冻成紫红色。它披着绿色的外衣熬过了几个月寒冷的日子，一直隐忍的花芽终于在初春的某一周内完全爆发，在春回大地之际贡献出一片清纯又梦幻的蓝。阿拉伯婆婆纳每一根纤弱的

铺在大地上的阿拉伯婆婆纳蓝色花毯像极了小时候的小碎花床单

茎上都散生着几朵小蓝花，它们用细长的花梗与茎相连接，两枚向内弯曲的雄蕊着生在四裂的花冠中间，顶上的花药犹如两个蓝色小眼睛相互凝望着，也感知着周围环境微弱的变化。再过不久，它的亲戚婆婆纳（*Veronica polita*）和直立婆婆纳（*Veronica arvensis*）也将加入春花的行列，还有低调的不太为人所知的常春藤婆婆纳（*Veronica hederifolia*），它们和其他即将盛放的粉色的、紫色的和黄色的花儿一起迎接春天的到来。

"婆婆纳"是古人取的名字，这个名称的第一次记载是在明朝初年，明太祖朱元璋的第五个儿子朱橚在就藩开封时所著的《救荒本草》中这样写道："婆婆纳生田野中，苗塌地生，叶最小……微花如云头样，味甜。"他不仅对婆婆纳的形态特征及味道作了一番描绘，还在文末配以精确美观的版画插图，使普通百姓一看便知何种植物可救荒。之所

阿拉伯婆婆纳的花药犹如两个蓝色小眼睛相互凝望着

婆婆纳淡紫色、粉色或白色的小花要逊色不少

直立婆婆纳极为细碎的小蓝花紧贴在叶腋处

以称之为"婆婆纳",有人说是因为它小巧的花瓣上纹路整齐,近乎平行的脉纹就像老婆婆做针线活时纳出的针脚一样规整,也有人认为是由于它饱满鼓囊的果实形状像老婆婆的针线包。不管怎样,这位明朝第一代周王还是给我们留下了这么一个约定俗成的亲切名称,并一直沿用到现在。

其实早在宋末元初,著名僧医释继洪著的《澹寮集验秘方》中还记载了另外一个名字——狗卵子草。这个名字现在几乎被人遗忘了,只在古籍中还能找到一些蛛丝马迹。清朝乾隆年间由赵学敏编著的《本草纲目拾遗》中写道:"狗卵草一名双珠草,生人家颓垣古砌间,叶类小将军草而小,谷雨后开细碎花,桠间结细子似肾,又类椒形,青色微毛,立夏时采。"很显然这是根据其果实而拟的形象又通俗的名字,婆婆纳肿胀的果实确实像相互粘连的一双珠子,残存的花柱夹在中间,与凹口齐平,成熟时双珠裂成两瓣,露出里面数粒黄色的舟形种子。这是婆婆纳与阿拉伯婆婆纳之间的差别,后者的果实倒扁心形,花柱要超出凹口许多,更为重要的是,婆婆纳淡紫色、粉色或有时白色的小花与蓝色精灵相比要逊色不少。而另一种直立婆婆纳的深蓝色小花则连花梗都难以找到,极为细碎的小蓝花紧贴在

1毫米

婆婆纳双珠般的果实里面藏着数粒黄色的舟形种子

直立婆婆纳尤为侧扁的果实犹如一小片薄纸片

叶腋处，尤为侧扁的果实像一小片薄纸片，在暮春时将扁平的小种子顺风播撒在母株周围。

它们都是来自欧洲至西亚的外来者，经由欧亚大陆的陆路通道随商人、士兵、车轮或马蹄无意间进入中国，现在已经成为婆婆纳家族中种群最为庞大、分布最为广泛的物种。古籍上所记载的"狗卵草"就是现在的婆婆纳，元朝初年就已经出现在我国中原地区，阿拉伯婆婆纳则稍晚才到。有学者考证，认为《本草纲目拾遗》中的"小将军草"就是阿拉伯婆婆纳，若这个说法可靠，那么它最迟在清朝乾隆年间就已经在我们的田野间扎根生长了。直立婆婆纳的发现就更晚了，植物学家于1910年才第一次在江西庐山采到了它的标本，因此可能是近代才传入中国。

作为春季最早的一批开花植物，婆婆纳提醒人们可以开始准备犁地种田了，同时它们也毫无意外地成了农田的侵犯者，尤其是喜欢匍匐生长又密集成群的阿拉伯婆婆纳和婆婆纳。这两种农田杂草不仅危害菜地和果园，也对麦田造成了一些消极影响。因此，生长在田间的美丽浪漫的小碎花很快就成为农民铲除的对象，毕竟对于耕者而言，未来的五谷丰登才是

阿拉伯婆婆纳的果实以细长的梗与茎相连接

成片的直立婆婆纳

最浪漫的事。直立婆婆纳则对城市里草坪的养护带来了考验，许许多多十几厘米高的植株组成了一个个面积达数平方米的斑块，像突起的补丁一样覆盖在原本平整的草坪上。不只是婆婆纳，还有叶子铺满绒毛的北美车前（*Plantago virginica*）、折断后会分泌有毒乳汁的匍匐大戟（*Euphorbia prostrata*）和斑地锦（*Euphorbia maculata*）以及具有难闻气味的臭荠（*Coronopus didymus*）等，这些外来物种持续出现在我们悉心护理的土地上，像挥之不去的伤疤，给草坪事业和街边绿化带来了很大麻烦。

　　20 世纪 50 年代，原产于地中海地区的常春藤婆婆纳随着植物引种活动被带到了南京，它学名的种加词"*hederifolia*"即为"叶似常春藤"的意思，由于其叶片及花萼边缘有一圈密集似眼睫毛一般的长毛，因此又名"睫毛婆婆纳"。常春藤婆婆纳的茎看起来更加纤细，花也更小，就连颜色也淡了许多——以白色为底，上面涂抹了一层不甚明显的浅蓝，每一个花冠裂片上都有 3 条颜色稍深的蓝色纵纹。它也是越年生草本，种子在秋冬季节开始萌发，一直持续到第二年初，小苗度过了寒冬之后，于初春和东京樱花（*Ceraus yedoensis*）一同盛放。4 月中旬至 5 月，植株开始逐渐枯萎，浑圆饱满的果实也由绿变黄并开裂，露出 2~4 粒圆壶形的种子。

当种子散落四周，附近的蚂蚁便忙碌起来，纷纷将它们拖入蚁穴，种子中所含的油脂类物质是蚂蚁喜爱的食物之一。我曾在一片长满常春藤婆婆纳的草地里观察过蚂蚁的活动，它们高举着黄色的圆壶形口粮，非常敏捷地穿行于草丛间，我跟随着它们的搬运路线，在一处蚁穴的周围找到了几十粒散落的种子，这对于我的种子收集之旅来说无疑是个重大发现。这些种子并不会立即萌发，而是以休眠的状态度过整个夏季，等待下一个秋高气爽的时节。

在同一片被常春藤婆婆纳占据的草地上，经常能找到两种不同体态的类型，这种不同不仅体现在植株高矮胖瘦上，也体现在或蓝或白的花色，或圆或缺的叶形以及或鼓或瘪的果实上，这与它的遗传物质——染色体的倍性有关。常春藤婆婆纳的染色体存在着非整倍性的现象，而且染色体组

1 毫米

常春藤婆婆纳的花和种子

的数量变化多端，二倍体、四倍体和六倍体个体有时会同时存在。染色体的变异总会或多或少地在植株外貌上表现出来，这为其"变身"提供了遗传基础，使之能够适应不同的环境，同时也是不少植物"杂草化"的重要途径。

常春藤婆婆纳看似瘦弱，却是欧洲地中海地区麦田中频繁发生的杂草，在英国和德国的发生频率也相当高，可以归类为"习见杂草"。日本明治维新时期，它由欧洲传入日本，蔓延之后对关西地区的夏熟作物田造成了严重的危害。化感作用是它干扰临近植物生长的重要手段，实验室的研究发现，它的茎段与叶片的水浸提液对小麦和油菜的种子萌发与幼苗生长都有显著的抑制作用[1]。因此我们不难理解为何它能够成片地覆盖在地表，甚至将栽培在路边的地被植物麦冬（*Ophiopogon japonicus*）都挤了出去，其他杂草在它的强势挤压下也几乎失去了生存空间，更何况在自然环境或者田间条件下，它的种子萌发率要比其他杂草高出 3 倍以上。

不知是出于何种目的，这种引自罗马尼亚的植物最初被栽培于南京中山植物园内，随着时间的推移，它逐渐逃离了种植区域，最终越过了植物园的墙篱，在紫金山麓的道路两侧以及林间空地找到了安身之所。目前，我国最大的常春藤婆婆纳种群就分布于此，后来还零星出现在舟山和杭州等城市绿地中，但尚未进入农田，只在街头巷尾间漫无目的地晃悠。当紫金山上春天的气息渐浓，栎树光秃秃的树枝上刚冒出许多嫩绿的小芽，几种带刺的野蔷薇还未完全苏醒，靠近马路的林间空地上早已是常春藤婆婆纳的地盘了。在它们的边缘地带，经常可以见到散生的二月兰

---

① 王云，符亮，龙凤玲，等 . 2 种婆婆纳属植株水浸提液对 6 种受体植物的化感作用 . 西北农林科技大学学报 (自然科学版)，2013, 41(4): 178-189.

生长在墙角石缝处的常春藤婆婆纳

一株二月兰孤零零地生长在常春藤婆婆纳种群中

（*Orychophragmus violaceus*），紫色的十字形花朵在绿草丛中格外显眼，有时候还能找到几株顽强地开着白色小花的鹅肠菜（*Stellaria aquatica*）。除此之外，目之所及尽是常春藤婆婆纳鲜绿色的植株、星星点点的白色小花，以及在边缘不断向外延伸探索的茎。

在这四种婆婆纳属植物中，阿拉伯婆婆纳仍然最为常见，它是田间地头的常客，也经常闪现于街角路边，因为阿拉伯婆婆纳不仅能够适应较强的光照，同时也比其他三种更加耐荫，对不同光照条件的适应性和更加旺盛的无性繁殖能力让它成为目前最成功的入侵者[①]。但在被常春藤婆婆纳占据的紫金山麓，从明孝陵沿着公路直走到下马坊，在樱花和雪松（*Cedrus deodara*）树下、麻栎（*Quercus acutissima*）林间乃至墙角石缝处，都很难找到其他婆婆纳的踪影，裸露的土地基本由常春藤婆婆纳来装点了。

春季是播种的季节，小树苗开始又一轮的生长发育，在农田和城市绿

① Liu Y J, Wu H R, Wang C Y, et al. A comparative study reveals the key biological traits causing bioinvasion differences among four alien species of genus *Veronica* in China. Journal of Plant Ecology, 2023, 16(2): rtac068.

化中，此时进入生长繁殖旺盛期的野草肯定会影响耕种计划，但对于生活在都市中的人所热衷的"寻找城市中的野花"活动而言，这些在早春绽放的外来小草无疑是一道优美的风景线。当然，我们不会忘记造就满地黄花的刺果毛茛（*Ranunculus muricatus*）和药用蒲公英（*Taraxacum officinale*），它们的花瓣似乎有反射光线的能力，金黄色的光泽能够让林下的那片空地闪闪发光，而其他植物则显得黯然失色。这些都只是其中的一小部分，还有尚未开花的飞蓬属植物、黏人的球序卷耳（*Cerastium glomeratum*）以及花瓣缺失的无瓣繁缕（*Stellaria pallida*）等，它们都会在春耕时分给农民和园丁增加额外的负担。我不由得有点担忧，倘若任由常春藤婆婆纳自由发展，假以时日，它是否也会像在欧洲和日本的情况一样，成为影响作物和其他栽培植物生长的又一个"外来入侵者"？

刺果毛茛的花瓣具有金黄色的光泽，能够让林下的那片空地闪闪发光

太阳花：直面盛夏的似火骄阳

　　盛夏的午后，耀眼的阳光炙烤着大地，植物在热浪滚滚的高温天里就像失去了活力，叶子都无精打采地耷拉了下来，许多花儿只在早晨凉爽的时候开放了一会儿，而此刻花瓣已紧紧闭合，以保护里面娇嫩的花蕊。但有一种植物却不畏高温，在群芳寥落时开出鲜艳夺目的花朵，它通常被作为或大或小的盆栽摆放在广场、车站等公共场所，或者被种植于道路两侧专门设计的方形花池内，在燥热的空气中是一道难得的风景。这种植物就是大花马齿苋（*Portulaca grandiflora*），于清晨见阳光而花开，至傍晚日落时分闭合，喜欢充足的光照，因此被冠以"太阳花"之名。

　　实际上，马齿苋属的植物开花都向阳，因而"太阳花"这个俗称可以指代很多种不同的物种，有时向日葵（*Helianthus annuus*）也会被称为太阳花。马齿苋属主要生活在温暖且日照时间长的热带和亚热带地区，其多样

大花马齿苋经常被种植于专门设计的花池内，是炎炎夏日一道难得的风景

化中心则位于南美洲和非洲，几十到上百种不同的马齿苋在大洋彼岸的沙地上争奇斗艳，它们通常都具有硕大艳丽的花朵和小巧玲珑的茎叶，和当地其他植物尤其是非洲南部的多肉一起，吸引了全世界植物爱好者的目光。然而，如此备受关注的马齿苋属植物的物种划分问题却一直都未得到妥善解决，物种之间的界限——边界问题——是分类学家争论的焦点，他们至今尚未达成共识。当查阅不同版本或地区的植物学著作时，我们很容易就能发现差别巨大的观点——马齿苋属内的物种数量竟有 15 种以内、约 100 种、约 150 种、约 200 种等多种说法，这让所有人都无所适从。

即使是这个家族所在的马齿苋科，其分类学历史同样复杂多变。传统的分类系统将马齿苋科划分为约 19 个属，其中不乏露薇花（*Lewisia cotyledon*）、马齿苋树（*Portulacaria afra*）和回欢草（*Anacampseros telephiastrum*）等花卉和多肉市场里的宠儿，经常扎根于我们房前屋后的土人参（*Talinum paniculatum*）也曾是其中的一员。随着我们认识的进步，这种以形态特征为主要基础所得出的认知终究被基于基因片段的新研究结果所取代，更为先进的方法得出了更加接近自然与真实的结论，其结果是原来统一的大家族被拆分成 7 个不同的类群，前述的 4 种自海外引进的"舶来品"都有了各自不同的归属，而马齿苋属则成了马齿苋科中的仅存硕果[①]。

经常扎根于房前屋后的土人参

在中国有分布的为数不多的马齿苋属植物中，园艺界最热衷的当属起源于南美洲的大花马齿苋和环翅马齿苋（*Portulaca umbraticola*），它们被种植的频率是如此之高，我想象不出当酷暑中的公园和花坛没有它们的装点会是一副什么景象，至少也会有一种缺乏生机的沉闷感吧。大花马齿苋代表着活力和激情，紫红色的花在阳光下热烈地盛放，越是骄阳似火，越是热情洋溢，所以通常来说，"太阳花"已经成为大花马齿苋的独有标签。

---

① Nyffeler R, Eggli U. Disintegrating Portulacaceae: a new familial classification of the suborder Portulacineae (Caryophyllales) based on molecular and morphological data. Taxon, 2010, 59: 227-240.

大花马齿苋的重瓣品种，在台湾被称为"松叶牡丹"

　　我们与大花马齿苋之间的联系要追溯到 20 世纪初，那时候它早已经从南美洲辗转至欧洲并来到了日本，后来随着日本人的入侵被带往台湾。鲜活的大花马齿苋是肉质的，全身蓄满了水分，粗厚的茎上生长着螺旋排列的细圆柱状叶子，形如松叶，硕大的花朵色彩艳丽，单瓣或重瓣，状似牡丹，因此它在台湾的名字叫"松叶牡丹"。它的花本为单瓣，自从重瓣品种问世之后，由于台湾人民对"雍容华贵"气质的偏好，单瓣的反而少见了，即使是在偏远山村的墙角处，盛开的也都是拥有几十枚花瓣的"迷你版牡丹"。1915 年，大花马齿苋从山海关进入了关内，并逐渐向南传播，这种花色丰富、形态可爱的小草花很快就赢得了大众的芳心。

　　大花马齿苋的花可以从暮春一直开到初秋，一年中白昼最长的那段时间是它的主舞台，当别的植物都因酷热难耐而状况百出时，它却能够应付自如。许多植物都能在各种逆境中顽强地生存着，并从外界的侵袭下恢复过来，它们拥有各自不同的策略，大花马齿苋则仰赖于肉质多汁的茎叶。松针状的叶子减小了蒸腾面积，上面浅浅的一层灰白色蜡质层则有效地阻止了水分蒸发。若将叶片折断，你一定会对它分泌出的透明液体印象深刻，因为这种溶解了大量多糖类物质和可溶性蛋白的液体十分黏稠，这不仅有利于它从周围环境中吸收水分，也使得原本就储存于自身细胞中的水分在面对干旱胁迫时更加不易挥发。顽强的生命力是能够给人以震撼感的，所谓"感一阴之气而生，拔而暴诸日不萎"，就算大花马齿苋因过度缺水而缩成一团，皱巴巴的像是失去了活力，可只要再度得到水分的滋润，它就能够恢复生机，因此人们饱含敬意地为它取了一个外号——"死不了"！但畏惧寒冷是它们的致命弱点，10℃ 以下的寒风就能将它们全部冻死。

　　当地面温度达到 40℃ 以上时，别的植物都已经灰头土脸，大花马齿苋却像正午的阳光一样热烈奔放。它高约 30 厘米，粗壮的枝条水平地向四周伸展，松针状的叶子在枝条的顶端变得密集，花苞就在此处的叶腋内孕育，多的时候能够开出七八朵花。在花朵的深处，紫色的花丝顶着橘黄色的花药，密密麻麻地包围着高出一截的顶端撕裂般的雌蕊。这种结构让它的繁殖非常高效，一个成熟的钟状果实内包裹着百十粒黑色的小种子，在不知不觉间，它们就能悄悄地占领花盆周围的土地，但冬季来临时，它们又会消失在严寒中。

人们对大花马齿苋已经非常熟悉，由于喜欢它的美丽和雅致，后来又有许多不同的品种出现在花园里，白色的、橙色的、红色的或杂色的，它的热度似乎从未消退过。即使逃离了花盆，占据了附近的空地，偶尔还会登上残败的土墙，人们也从未将它视为杂草，反而会由衷地喜爱它为这破败的景象带来的一丝美感。

我们似乎天生对马齿苋属的植物有一种莫名的好感，看看生命力更加顽强且几乎遍布我国南北各地的马齿苋（*Portulaca oleracea*），它同样也是一种"难死之草"，俗名"长寿菜"，几乎拥有杂草应该具备的所有特质，却作为一道健康又美味的野菜深受人们喜爱。为了应对高温和水分流失的问题，马齿苋整合了碳四植物和景天酸代谢途径（CAM）两种高效的碳浓缩机制，气孔在夜间温度较低、水分蒸发较少时打开，然后将吸收的二氧化碳储存在液泡里，到了白天则将气孔关闭，并释放出二氧化碳，利用光照进行光合作用。这套流程比大多数植物更加节水，且可避免因白天气孔开放而被烈日灼伤——这是马齿苋成为"难死之草"的秘诀，而古老的全基因组加倍事件则是促成它如此高效且从容稳健的直接原因[①]。

① Wang X L, Ma X X, Yan G, et al. Gene duplications facilitate C$_4$-CAM compatibility in common purslane. Plant Physiology, 2023, 193(4): 2622-2639.

马齿苋开小黄花，生命力更加顽强，几乎遍布我国南北各地

　　马齿苋旧称"五行草"，《救荒本草》记载："旧不著所出州土，今处处有之。以其叶青、梗赤、花黄、根白、子黑，故名五行草耳"。"马齿苋"这个人人皆知的名字则来自它的叶形，《本草纲目》中写道："其叶比并如马齿，而性滑利似苋，故得名……其性耐久难燥，故有长命之称。""长命""不死""长寿"等词汇总是会出现在描述马齿苋属植物的语句中，尽管它们其实都是短命的草本植物，我们可以看作这是对它们短暂的倔强与辉煌表达出的敬意和赞扬。

　　20世纪下半叶，一种叶片同样"比并如马齿"的马齿苋属植物被引入台湾，这就是环翅马齿苋。"环翅"指的是它蒴果的基部边缘有一圈向外扩展的薄片，但这个很容易就能观察到的特征却一直都被忽视。环翅马齿苋拥有像大花马齿苋一样大而绚丽的花朵，其色彩之丰富及品种之繁多丝毫不逊色于后者，但在未开花时与马齿苋有几分相似，故而台湾人民称之为"阔叶马齿苋"或"阔叶半枝莲"，并错误地认为它是马齿苋的变种或是马齿苋和大花马齿苋的杂交后代。正因如此，台湾学者常常将它的学名写作 *Portulaca oleracea* 'Granatus' 或 *Portulaca oleracea* var. *granatus*。

环翅马齿苋的蒴果

品种繁多色彩丰富的环翅马齿苋

　　台湾人民对环翅马齿苋是充满喜爱之情的，尽管他们使用的学名是错误的，甚至都查不到出处，却为它取了一个诗情画意的中文名——马齿牡丹，并以此名将它美丽的形象印在了于 1998 年发行的邮票上。在邮票的正面，几片平坦的叶片托着两朵绯红色的花朵，中间还带着一抹明亮的黄色，如牡丹般雍容华贵，在一旁尚未成熟的果实基部，一圈环翅在边缘隐约可见。这是环翅马齿苋的一个品种，它所在的品种系列被命名为"野火"（Wildfire Mixed），如今它的栽培范围已经不亚于大花马齿苋。

　　原生的环翅马齿苋本是美洲大陆上的一种常见杂草，在南美洲，它的花朵要大得多，丰富的色调让人眼花缭乱，五光十色的"野火"系列就是

环翅马齿苋的重瓣品种，在台湾被称为"马齿牡丹"

基于此培育而成。1982—1983 年，"野火"被装点在吊篮中引至美国，随后由美国本土植物爱好者选择性种植，他们可能将其视为比本土种更加艳丽且寿命更长的"替代品"了。很快，一系列宽叶大花的品种被销往世界各地，并频繁地出现在花坛中，在炎天暑月里美化着略显单调乏味的城市。而且环翅马齿苋还有另外一个"优势"，那就是当各种外来花卉摆脱束缚在野外欣欣向荣时，它却只有在花池里或其他封闭的区域才能得到发展。

　　与此相反，在我国南方地区的海岸线上，一种从未在花园中出现过的植物——毛马齿苋（*Portulaca pilosa*）——在岩石缝隙间和沙地上顽强地维持着自己的种群。它是为大众所熟悉的流浪者，具有玫红色的花冠，但直径只有约 1 厘米，且花开仅半日，小巧的圆柱状叶片下有时覆盖着密集的蛛丝状柔毛。自从 1907 年被发现于台湾台东县之后，玲珑可爱的毛马齿苋在百余年间都只平卧在我国南部滨海地带，既没有像其他"太阳花"那样被人们百般侍弄，也没有像入侵者一样爆发成灾。可能唯一值得警惕的是它对世界其他岛屿生态系统所造成的影响，在夏威夷岛，繁茂的毛马齿苋种群对本地的濒危种硬果马齿苋（*Portulaca sclerocarpa*）的生长造成了严重威胁。

毛马齿苋最喜欢生活于沿海沙地，它具有小巧的玫红色的花冠

　　毛马齿苋的形态常随生境的不同而差异巨大，从干燥的沙地到潮湿的草地，它身上的毛被由浓密变得稀疏，在凉爽干燥的条件下它会先直立生长，随后才缓慢地分枝，其植株形态紧凑，在温暖湿润的环境中则可迅速分枝蔓延，其次才是直立生长。这只体现了它高度变异性的冰山一角，加之染色体倍性的多样化，它成为让植物分类学家最为头疼的马齿苋属植物，他们将毛马齿苋和与之相似的同胞统称为毛马齿苋复合群，这个复合群所包含的物种数量——更准确地说是拉丁学名——竟高达 100 多个。正是不同毛马齿苋种群之间存在的广泛变异让研究者在马齿苋属植物的研究上难以达成一致的意见。

　　分类学上的不清晰必然会使其他真相变得模糊，毛马齿苋的原产地范围也就一直都不明确。分子系统学研究的结果告诉我们，毛马齿苋所在的这一分支起源于南美洲，并于中新世至上新世时期（距今约 1100 万—400 万年前）发生了向北美洲的自然扩散事件，而从更早的渐新世晚期开始，

毛马齿苋（左）、环翅马齿苋（中）和大花马齿苋（右）的花冠对比

整个属的洲际分散事件就已经很常见了[①]。因此，现在一般笼统地认为毛马齿苋原产于美洲。这个极度多样化的物种如今已经广泛分布于世界泛热带地区，并且依然保持着野生状态，包括美洲、非洲南部、大洋洲、亚洲，欧洲南部也有分布。

如果从野外挖一株品相还算不错的毛马齿苋种在花盆里，将它和大花马齿苋、环翅马齿苋摆放在一处，我们就会发现毛马齿苋的精致与其他两者的"粗犷"相比有多么的格格不入。无论是出于喜爱还是便于销售，后两者都被冠以"牡丹"之名，毛马齿苋在称谓上则从未享受过如此礼遇，也未曾出现在琳琅满目的花市里。但对我而言，公园里的"太阳花"已经司空见惯，倘若在南方的海边漫步时没有见到毛马齿苋，我会觉得少了点什么，感觉这片海不够完整。

---

① Ocampo G, Columbus J T. Molecular phylogenetics, historical biogeography, and chromosome number evolution of *Portulaca* (Portulacaceae). Molecular Phylogenetics and Evolution, 2012, 63(1): 97-112.

垂序商陆：鸟儿与浆果之间的故事

在一次学术会议上，研究人员向与会者展示了一个有趣的实验，讲述的是鸟儿与果实之间的故事。这个故事和三个物种有关，分别是果序下垂的外来入侵物种垂序商陆（*Phytolacca americana*）、果序直立的乡土植物商陆（*Phytolacca acinosa*）和经常穿梭于农田草地之间的鸟类朱颈斑鸠（*Spilopelia chinensis*），目的是比较入侵种与本土种的果实对鸟儿的吸引力，进而了解它们种子传播效率的差异。

实验过程被划分为了三个逐级递进的步骤，但最终都是要观察朱颈斑鸠对两种不同果实的取食偏好性。首先，他们将已经熟透了的垂序商陆和商陆的果实分别放入了两个食盒里，然后让鸟儿去自由选择，结果它毫不犹豫地走向了垂序商陆并大快朵颐一番。因此果序下垂或直立在鸟儿的取食偏好上并不起决定性作用，那么是什么原因让它的步伐迈得如此坚定

垂序商陆的浆果像几十个小葡萄
在枝丫间串成了一串

心皮分离的商陆果实像一个个迷你的南瓜

呢？接下来，研究人员将两者的果实混合并随机地摆放在同一个盒子里，给鸟儿营造了一个类似抽奖的氛围，朱颈斑鸠往里面探了探头，如同在水果超市里挑选商品一样，每一次都精准地把自己最喜爱的水果——垂序商陆——取了出来！

我们知道植物的雌蕊是由心皮卷合而成的，由于心皮的着生方式不一样，垂序商陆和商陆的果实差别非常明显。尽管它们的颜色在成熟之后都变成了诱人的紫红色，但心皮合生的垂序商陆拥有光滑无棱的浆果，像几十个小葡萄在枝丫间串成了一串，而心皮分离的商陆果实则明显带棱，像一个个迷你的南瓜。按照人类的审美，我们大概率都会认为圆球形的果实比具棱角的果实更加美味可口，所以果实形状是否也会影响鸟儿的选择呢？

为了验证这个假设，研究者决定将相同数量的垂序商陆果实分置于两个食盒中，不同的是其中一个盒子里的果实用一种特别的溶液浸泡过，这种溶液就是特地为鸟儿准备的"鲜榨商陆汁"。结果第一步实验中的画面在这里重新上演了，在被商陆汁泡过的果实面前，朱颈斑鸠只是试探性地看了几眼便转身离开了。因此"形状决定说"也被排除了，气味成为最有可能的原因。

虽然没有更进一步的实验来证明到底是哪一种挥发性化学物质对嗅觉不甚灵敏的鸟儿有如此大的吸引力，以至于让它们对曾经遍生于沟谷林缘的商陆嗤之以鼻，但我们也得到了足够多有用的信息。夏秋之交，成串的紫红色浆果掩映在微微下垂的绿叶中，这是鸟类最容易辨识的颜色，紫红色的茎则更加放大了这种色彩的渲染力。浆果给鸟类提供了最容易获取的食物，甜美的果肉引诱鸟儿将果实连同种子一起吞下，作为回馈，鸟儿通过排泄将种子传播至其他地方，这种传播方式被称为"动物体内传播"（endozoochory）。从实用性角度来说，极具诱惑力的果肉只是种子的装饰物，是种子精心设计的一种往别处迁移的方式。

垂序商陆又叫美洲商陆，种加词"*americana*"就已经告诉了我们它来自美洲。其多汁的浆果可以说是美洲植物对本土鸟类的馈赠，或许是它的气味更加诱人，水分含量更高，味道更加鲜美，本土商陆因此被鸟儿视如敝屣，已经将它彻底抛弃。这对商陆来说非常不利，自从垂序商陆圆润的果实成为"完美替代品"之后，在挑食的鸟类的帮助下，垂序商陆已经成为一种极其常见的路边植物，而且还经常出现在森林深处，而原生的商

白头鹎是垂序商陆种子在城市中传播的主要载体，如今垂序商陆不仅常见于路边，还经常出现在森林深处

陆却难觅踪迹。有研究者在杭州市天目山收集到来自白头鹎（*Pycnonotus sinensis*）、领雀嘴鹎（*Spizixos semitorques*）和红嘴蓝鹊（*Urocissa erythrorhyncha*）的 70 份鸟粪样品，"鸟粪收集者"从中一共分离出了 1695 粒结构完整的垂序商陆种子，并且这些鸟粪中都只含有这一种植物的种子[1]，似乎除昆虫之外，只需要垂序商陆一种植物就足够为它们提供整个秋季的食物。

在城市花园里，白头鹎和传说中的"青鸟"红嘴蓝鹊是我们常见的小伙伴，也是垂序商陆种子在城市中传播的主要载体，植物的幼苗数量和分布模式与这两种鸟类的栖息行为密切相关[2]。因此，在公园的某个角落、居住区的某处绿化地或者村庄的某块菜地上经常会毫无预兆地冒出一两棵垂序商陆的小苗，我们有理由相信，肯定有一只吃过美味浆果的小鸟在此逗

①　李新华，王聪，陈钘，等.浙江天目山自然保护区鸟类对美洲商陆种子的传播.四川动物，2011, 30(3): 421-423.

②　Li N, Yang W, Fang S, et al. Dispersal of invasive *Phytolacca americana* seeds by birds in an urban garden in China. Integrative zoology, 2017, 12(1): 26-31.

留过。

　　我小时候也曾对这充满汁液的浆果垂涎欲滴，有时还会好奇地将果皮撕开，用舌头小心翼翼地去试探它的味道，然后就被家长严厉地喝止了。现在想想，要不是它具有一定的毒性，人们在乡野间的美味野果就将会多出一种选择。其毒性源自一种叫商陆碱的糖苷，它存在于植株的所有部位，其中以埋藏在地表下的肉质根中的含量最高，因此毒性也最强。然而，酷似人参形状的商陆根在多数人眼中都是"宝物"，有些人甚至视它为"土人参"，把它挖回家煲汤喝，也就常有不明真相者因误服而中毒。有的不法商人则很好地利用了植物的特点和人们的心理，将这并无任何滋补作用的圆锥形"假人参"伪造成真人参贩卖。幸好商陆碱的毒性并不致命，虽然误食后会出现恶心呕吐、口胃灼热、腹痛腹泻甚至头痛眩晕或神志恍惚等令人难受的症状，但几乎每一起中毒事件最终都以幸运的结局收尾。

　　与根相比，叶子和茎的毒性要弱一些，据说嫩叶的味道与菠菜相似，柔脆的茎烹煮之后则有种芦笋的滋味，美洲原住民就有食用此种植物的传统。但无论是哪种情况，我们都要小心处理，至少需要水煮两遍以去除毒素，然后才能调味食用。诱人的浆果是毒力最弱的，因为除了少量的糖苷之外，果肉里还含有黏液、单宁和丰富的水溶性红色素，这或许是为了讨好那些经常来光顾的种子传播者。谨慎的人类会将果实煮熟，去除近十粒被包裹在果肉里的黑色种子，然后做成果酱使用。但若要生食它的浆果，只需几颗，就能够切身体验到它强烈的催吐或催泄效果，鸟儿却不仅不惧怕这种毒性，反而对此情有独钟。

　　在草药学家看来，植物毒素其实是一把双刃剑，因为这种有毒的活性成分通常都具有药用价值，"是药三分毒"的传统经验就已经暗示了它们之间的联系。在殖民者登陆美洲之前，美洲原住民已经认识到了垂序商陆巨大的药用价值，我们则有使用本土商陆的悠久历史。《神农本草经》将商陆列为下品，与垂序商陆一样以根入药，也具有峻下逐水的功效。此外，我们也曾有过食用商陆幼嫩茎叶的习惯，明代王象晋在《群芳谱》中记载："商陆一名夜呼，一名章柳，一名马尾，所在有之，人家园圃亦种为蔬。"

关于商陆的名实问题，李时珍《本草纲目》中有解释："此物能逐荡水气，故曰蓫薚（zhú tāng），讹为商陆，又讹为当陆，北音讹为章柳。或云枝枝相值，叶叶相当，故曰当陆。或云多当陆路而生也。"他认为"商陆"是由"蓫薚"之名反读讹传而来，在后来人们的流传中又演绎出多个读音近似的名字，因此古时人们常常将商陆的根称为"章柳根"，并且认为"如人形者有神"。"夜呼"的名字则与"杜鹃"有关，据南北朝时期梁宗懔所撰的《荆楚岁时记》记载："三月三日，杜鹃初鸣，田家候之。此鸟鸣昼夜，口赤，上天乞恩，至章陆子熟乃止。然则章陆子未熟以前为杜鹃鸣之候，故称夜呼。"传说杜鹃彻夜鸣叫，啼血不止，直到商陆果实成熟方才停歇，因此古人有"杏子开花，可耕白沙；商陆子熟，杜鹃不哭"的说法，商陆从此也被赋予了一些神秘色彩。除夕时，古代有把商陆塞进火炉里燃烧的习惯，百姓们认为这样可以祛除疫病和邪祟。清代吴敬梓在创作《儒林外史》之初，正值壮年却窘迫到了"白门三日雨，灶冷囊无钱"的地步，多亏好友的帮助才在丙辰年的除夕免于饥饿，在感慨之余，他写下了"商陆火添红，屠苏酒浮碧"的诗句，既是对当时除夕习俗的描述，大概也是真心想借商陆祈福。

商陆在当时的普遍程度由此可见一斑，人们将司空见惯的商陆赋予了文化含义，以至于许多后世文人都将《周易·夬卦》爻辞"苋陆夬夬，中行无咎"中的"陆"注解为商陆。但总的来说，商陆与神鬼之间的联系及在诗词中的象征意义都只是一个个小插曲，它更多的还是作为一种重要的

本土商陆的花序直立生长，不同于垂序商陆的柔软下垂

泻下药出现于本草学著作当中。20 世纪 30 年代，当具有相似功效的垂序商陆传入中国之后，本土商陆的地位就随着种群数量的不断减少而急转直下了。

　　1932 年，青岛大学的植物学工作者在当时的青岛市第一公园（今中山公园）采集到了国内第一份垂序商陆的标本，在如今已经泛黄的台纸上，有些紫黑色的浆果仍然保持着圆球形的模样。1937 年刊行的《中国植物图鉴》对它进行了首次描述，名之为"洋商陆"。此时，刚刚到来不久的"洋商陆"到底有何用途并没有相关的记载。十多年后，《华北经济植物志要》（1953 年）指出垂序商陆在青岛有栽培，胡先骕先生的《经济植物手册》（1955 年）则记载其"供观赏用"，直到 1961 年它才首次被当作药用植物收录于《杭州药用植物志》中。从这些不太连贯的线索中我们可以推测，最初生长于公园路边的垂序商陆并没有引起人们太多的注意，数十年之后，

垂序商陆的种群快速扩大，已经遍生于林缘沟谷和路旁荒地

想必当时的人们应该注意到了它与本土商陆的相似性，才逐渐被视为观赏或药用植物栽培于园圃中。

另一方面，鸟儿们肯定比人类更早地注意到了它那看起来比商陆更加有吸引力的浆果，垂序商陆的种群借此得以快速扩大，直至遍生于林缘沟谷和路旁荒地。如今垂序商陆的种植已经非常少见，它的危害却在 20 世纪末逐渐显现出来，并于 2016 年被列入了《中国自然生态系统外来入侵物种名单》当中。农民早就注意到它对菜地和果园所造成的危害，林业工作者也观察到了它对人工林及天然林所构成的威胁——它最初的到达之所已经成为危害最为严重之地。在山东省沿海地区，鸟类的取食促使垂序商陆在林内形成小种群，随着时间的推移，扩散面积逐渐增大，这种跳跃式的传播大大提高了其扩散速度和范围，种子超强的散布能力使得垂序商陆"泛滥成灾，导致沿海防护林的生物多样性严重降低、乔木更新受到抑制，已成为沿海防护林危害最为严重的外来物种之一"[①]。

经过漫长的演化，商陆和鸟类之间已然建立起了非常紧密的联系，或许鸟类的生存可以没有商陆，但商陆的成功繁衍却离不开鸟类。除传播之外，种子的萌发也需要鸟类的消化系统。不管是哪一种商陆，它们被多汁的浆果包裹着的种子都具有坚硬的种皮，这是对"动物体内传播"方式的适应，可以避免种子的核心部分被动物肠道内的消化液所消化，但这层厚厚的种皮在保护种子免遭损坏的同时，也阻碍了自身的正常萌发。

我们曾将刚收获的种子埋入土壤，15 天后的累积萌发率仅有可怜的15% 左右，只有用浓硫酸浸泡一定时间后的种子才能达到正常的萌发率，

---

① 翟树强，李传荣，许景伟，等. 灵山湾国家森林公园刺槐林下垂序商陆种子雨时空动态. 植物生态学报，2010, 34(10): 1236-1242.

商陆的种子都具有坚硬的种皮，它们的顺利萌发需要经过动物胃肠道的"洗礼"

很显然种皮是限制它们萌发的决定性因素，我们将这种现象叫作种子的物理休眠。然而，根据从鸟粪中分离出来的种子进行的发芽实验显示，播种后 8 天种子的发芽率就达到了 84%，而且鸟类的取食不仅不会改变种子的生命力，反而可以调节它们萌发的时间，使之能够快速破土而出[①]。故此，商陆种子的传播和萌发都需要动物的协助，经过动物胃肠道的"洗礼"是它们生活史的重要一步。

自从垂序商陆到来之后，本土商陆就逐渐失去了鸟类的帮助。或许如之前的推测，垂序商陆的果实具有更强的吸引力，但我们并不了解这个替代过程中的任何细节，也不清楚在"入侵者"到来之前，本土商陆是否对

---

① Orrock J L. The effect of gut passage by two species of avian frugivore on seeds of pokeweed, *Phytolacca americana*. Canadian Journal of Botany, 2005, 83: 427-431.

鸟儿们有足够的吸引力。总之，外来的浆果成为最后的赢家。我仍然相信，商陆之所以曾经"处处有之"，肯定与鸟类的取食息息相关，而且与现在这些偏食的鸟类属于相同的种类。后来，本土商陆失去了这些亲密的伙伴，而且失去得太快太突然，还没来得及找到另外一条有效传播自己种子并快速萌发的途径，导致其种群不断衰退。其结果就是，我们的传统中药商陆的原植物来源几乎都被垂序商陆所取代，它的根也就顺理成章的成为"章柳根"的"替身"。

垂序商陆的药用价值是值得肯定的，但它之所以能够反客为主，可能主要还是因为"替身"的易得以及正品的难觅。因此，自 1977 版《中华人民共和国药典》开始，历版《药典》均将垂序商陆与商陆的干燥根一同作为中药商陆的正品来源。为了解垂序商陆与商陆作为中药材的使用比率到底是多少，有人曾到全国各地的中药材商店购买中药商陆，经过鉴定发现，

垂序商陆的根逐渐成了"章柳根"的替身

90% 以上的商陆根都属于垂序商陆，本土商陆连 1/10 都不到。对此我们不无担忧，因为垂序商陆具有更加强大的重金属富集作用，作为药材来源的肉质根中生物碱的含量是本土商陆的 2 倍以上，由此导致的对人类健康的伤害需要重新评估并谨慎对待。

当跨越大洋的物种迁移变得迅速且不可避免时，植物与动物之间的生存故事也会越来越复杂。垂序商陆与鸟儿的剧本告诉我们，对于许多鸟类来说，这个故事可能是美好的，因为在它们的食谱上又多了一个更美味的选择，对于商陆这个"被替代者"而言，现实却是残酷的，尽管故事还未结束，但过程充满着挣扎与煎熬。由于人类发展带来的环境问题和对药物不断增长的需求，我们自身同样也身处这个故事当中而无法置身事外。

商陆是草之柔脆者，"苗高三四尺（约 1.2 米），青叶如牛舌而长，夏秋开红紫花"，翻看《救荒本草》中商陆的绘图，紧密排布的叶片和肥大的肉质根惟妙惟肖，顶端还有两串直立生长、尚未成熟的浆果。垂序商陆则是一种非常高大的草本，苗高可达 3 米，植株粗壮，枝繁叶茂，夏秋时累累硕果如一串串熟透的葡萄，令人垂涎欲滴。从小到大，商陆从未出现在我的生活中，记忆里的"浆果游戏"只和垂序商陆有关，我们都曾摘下过它充满汁液的浆果与同伴们一块儿打闹，还好浆汁里都是水溶性色素，否则孩提时代打闹玩耍的代价可就太大了。

21 世纪初，一个全新的角色——二十蕊商陆（*Phytolacca icosandra*）——也加

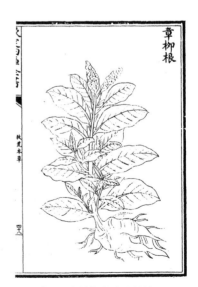

明代《救荒本草》中商陆的绘图

二十蕊商陆——21世纪初加入"浆果故事"中的全新角色

入了故事当中，它首先在台湾归化，后来又来到了云南和广东，这让剧情的发展充满变数。毋庸置疑，鸟儿与浆果的故事还将继续，而且永远都不会大结局，希望这个故事能够朝着大团圆的方向进行，每一个角色都能在各自的生态位中自由而健康地活着。

二十蕊商陆的浆果看上去更加具有诱惑力

　　每一种野草都有独属于它的一个学名，这个学名是人类为了便于交流和使用而取的，它代表着一个物种。对于那些分布极为广泛的植物而言，一个学名往往包括不计其数的个体生命。从某种意义上来说，植物的学名就是一个名词，它的定义就是植物学意义上的形态描述。因此，每一个物种都以它特有的模样呈现在我们眼前，那些最常见的野草同样如此。

　　可能很少有人能够意识到，其实很大一部分经常出现在我们身边的，在生活中早已习以为常的野草都来自异域，也就是我们所说的外来植物，而那些最为繁茂的、农人和园丁也最为厌烦的杂草往往都是入侵物种。路旁荒地上的春飞蓬和一年蓬在仲春至盛夏不间断地开放，人工林下的加拿大一枝黄花每年秋季都准时地绽放出闪亮的明黄色花朵，田间地头的空心莲子草一如既往地让耕者倍感沮丧，漂浮的凤眼莲和细叶满江红则时而令人赏心悦目，时而疯狂地占据着整个水面，让人心生恐惧……类似这些场景就是如今我们最为熟悉的植物模样。也许在二十多年前，我所见的植物并不如此，种类很可能大相径庭，它们所呈现出的野趣也截然不同，但很遗憾，昔日身旁植物的模样我早已模糊不清，却也绝不是现在这幅景象。

这种变化是巨大的，随着人们交流的日渐深入和广泛，越来越多的"新植物"进入了我们的视野。我们需要它们来装点城市的花园，给我们略显沉闷的世界带来一点新鲜感，它们也借此得以在全新的土地上安身立命，扩大自己的种群。这里面包含了许多有趣的故事，因为外来植物的定义中就有与人类活动紧密关联的内涵，它们在传播与扩散之路上演绎着人类与植物之间发生的故事。但这些故事却极少有人去讲述，在这个领域能找到的只有枯燥的专业书籍和艰涩难懂的学术论文。于是在几年前，我萌生出一个要为外来植物"树碑立传"的想法，创建了一个叫作"植物大移民"的微信公众号，在工作之余与感兴趣的公众一起分享这些植物的故事。

我将这本书取名为《植物大移民：中国历史上的外来入侵物种》，可以看作是与公众号的同名书籍。尽管书中部分篇章的主题和讲述对象都已发布过，但快餐式阅读和沉浸在书籍之中的宁静的阅读相比，大家的心境和体验是不可同日而语的。同样，网络推送的写作方式和图书的创作也是截然不同的。

自 2018 年至今，我断断续续地写下了一些文字，但并没有字斟句酌，不同的篇章之间风格迥异，可以说是慵懒的写作，后来再去审读之时，便觉得写得太过随意，偶尔有几篇内容翔实的文章，也都是些枯燥乏味的科学词汇和语句。也是自那时起，我便有了将这些文章汇集成书的想法。其中最主要的一个原因就是这方面的科普图书作品极度缺乏，中国的科学家似乎都在为发表学术论文而奔波忙碌，对于科学普及就无暇顾及了，而国外的各种自然科学相关的科普著作却如雨后春笋般冒了出来，其作者几乎都是学界的知名科学家。他们用行云流水般的文字对自然界进行了逻辑并然地描绘，我是他们的忠实读者。

我怀着忐忑的心情，用了两年的时间，在烦琐的工作之余写完了整个书稿。一直以来我都在从事中国外来入侵植物的相关研究，作为一名科学工作者，野外调查与样品采集、实验设计与实施、分析数据撰写论文等是我的日常事务。故而读者们可以在本书中看到许多的科学研究成果，有同行的，也有我们自己课题组的。自2014年始，我们用了近10年时间对全国各地的外来入侵植物进行了全面的调查，至2021年方有五卷本的《中国外来入侵植物志》出版发行，算是初步完成了对它们的建档立案，同时也对一些重点入侵物种的遗传学和入侵机制进行了深入研究。于我而言，科普写作本非我擅长之事，但我还是下定了决心，努力将这些知识和故事从学术著作与科技论文里"解放"出来，以更具亲和力的形式和大家见面。

这些文字能够修订成文并付梓出版，要感谢机械工业出版社以及图书编辑兰梅老师。兰老师找到我并希望我能写一本与"植物大移民"相关的书，在她的建议和支持下，我将原有的文字进行了大幅度的修改，几乎可以说是重新创作，又增加了几篇新的内容。我尝试将相互独立的文章以某种共性联系在一起，于是就形成了书中现有的框架——7章23篇，涉及超过40种植物。写这本书时，我是充满诚意的，为了能让植物的生活与人类自身产生共鸣，文中用了大量拟人和隐喻的手法，我尽了最大的努力使行文流畅、语言通俗、内容科学，希望读者在获得知识的同时还能够感受到阅读的美好。

感谢我们课题组（上海辰山植物园植物入侵与入侵生态学研究组、上海市林业总站森林资源科）的鼓励和支持，一个好的平台和工作氛围是成果稳定产出的保证，也让我们有机会将所知道和参与发表过的科研成果与读者一同分享。还要感谢我昔日的室友龚理，最近得知他正致力于练习植物科学绘画，有幸欣赏过他几幅作品，科学性自不必多言，仅笔触的优美程度更是超越了初学者之境，这次能够与他合作，请他为本书的每篇文章绘制一幅插画，也算是十分有缘了。

最后，我要感谢我的家人和朋友们，是你们一直以来的关心和鞭策，才让我得以看见和体验到更多的美好。倘若要问这本书的中心思想是什么，那应该就是：所有生命都是美好的和值得赞颂的，只要我们将贪婪与自大摒弃，一个和谐平衡的、多样化的世界就会呈现在眼前！

严　靖　张文文